BIOLOGIA DO SOLO

CONCEITOS BÁSICOS E APLICAÇÕES NAS
CIÊNCIAS AGRÁRIAS

ORGANIZADORES:

Daniela Tomazelli | Dennis Góss-Souza |
Luís Carlos Iuñes de Oliveira Filho | Osmar Klauberg-Filho

BIOLOGIA DO SOLO

CONCEITOS BÁSICOS E APLICAÇÕES NAS CIÊNCIAS AGRÁRIAS

Freitas Bastos Editora

Copyright © 2024 by Aline de Liz Ronsani Malfatti, Daniela Tomazelli, Dennis Góss-Souza, Douglas Alexandre, Luís Carlos Iuñes de Oliveira Filho, Nathalia Turkot Candiago, Osmar Klauberg-Filho, Pâmela Niederauer Pompeo, Rafaela Alves dos Santos Peron e Thiago Ramos Freitas

Todos os direitos reservados e protegidos pela Lei 9.610, de 19.2.1998.
É proibida a reprodução total ou parcial, por quaisquer meios, bem como a produção de apostilas, sem autorização prévia, por escrito, da Editora.
Direitos exclusivos da edição e distribuição em língua portuguesa:
Maria Augusta Delgado Livraria, Distribuidora e Editora

Direção Editorial: Isaac D. Abulafia
Gerência Editorial: Marisol Soto
Revisão: Tatiana Lopes de Paiva
Diagramação e Capa: Madalena Araújo

Dados Internacionais de Catalogação na Publicação (CIP) de acordo com ISBD

B615	Biologia do Solo: conceitos básicos e aplicações nas ciências agrárias / Aline de Liz Ronsani Malfatti ... [et al.] ; organizado por Daniela Tomazelli ... [et al.]. - Rio de Janeiro, RJ : Freitas Bastos, 2024.
	196 p. ; 15,5cm x 23cm.
	ISBN: 978-65-5675-397-3
	1. Biologia. 2. Solo. 3. Ciência Agrárias. I. Malfatti, Aline de Liz Ronsani. II. Tomazelli, Daniela. III. Góss-Souza, Dennis. IV. Alexandre, Douglas. V. Oliveira Filho, Luís Carlos Iuñes de. VI. Candiago, Nathalia Turkot. VII. Klauberg-Filho, Osmar. VIII. Pompeo, Pâmela Niederauer. IX. Peron, Rafaela Alves dos Santos. X. Freitas, Thiago Ramos. XI. Título.
2024-1275	CDD 570
	CDU 57

Elaborado por Vagner Rodolfo da Silva - CRB-8/9410

Índice para catálogo sistemático:
1. Biologia 570
2. Biologia 57

Freitas Bastos Editora
atendimento@freitasbastos.com
www.freitasbastos.com

SOBRE OS ORGANIZADORES

Daniela Tomazelli

Filha de agricultores, técnica agrícola e engenheira agrônoma (IFC), fez mestrado em Ciência do solo (UDESC) motivada a melhorar a produção agrícola dos pais, testou Fungos micorrízicos arbusculares (FMAs) na promoção de crescimento de mudas de erva-mate. No doutorado trabalhou com ecologia de microrganismos na conversão de pastagens nativas para cultivadas. Foi contratada para conduzir ensaios e elaborar relatórios técnicos de análise de risco ambiental (ARA) para o IBAMA e atualmente é pesquisadora da FAPESC, onde investiga o efeito da aplicação de herbicidas e fungicidas nas populações de FMAs.
www.linkedin.com/in/daniela-tomazelli

Dennis Góss-Souza

É Professor de Agronomia do Instituto Federal do Paraná - IFPR/Palmas-PR, desde 2022. É revisor de mais de 30 periódicos nacionais e internacionais. Engenheiro Agrônomo (2004-2008) e Mestre em Ciência do Solo (Microbiologia do Solo) pela UDESC (2009-2011), e Doutor em Ciências - Ecologia Aplicada (Ecologia de Agroecossistemas) pela Universidade de São Paulo - USP (2011-2015). Realizou Estágio Sanduíche na University of California at Davis - EUA (2014-2015). Tem experiência na área de Ecologia do Solo, atuando principalmente nos seguintes temas: metagenômica aplicada à ecologia de comunidades, genes funcionais no solo e na rizosfera, interação planta-microbioma-patógenos e análise multivariada aplicada à ecologia do solo.
https://www.linkedin.com/in/dennis-goss-souza-090bb768/

Luís Carlos Iuñes de Oliveira Filho:

Engenheiro Agrônomo, formado pela Universidade Federal de Pelotas, Doutor em Manejo do Solo pela Universidade do Estado de Santa Catarina (UDESC). Atualmente, Pós-doutor na UDESC. Tem experiência e interesse em ecologia do solo (biodiversidade do solo e serviços ecossistêmicos) e ecotoxicologia em condições de laboratório e semi-campo, estudando os efeitos tóxicos causados por diferentes xenobióticos (pesticidas, fármacos veterinários, metais e matriz orgânica) na fauna do solo (colêmbolos, minhocas e enquitreídeos), fungos micorrízicos arbusculares (FMAs) e plantas.
https://www.linkedin.com/in/luís-carlos-iuñes-oliveira-filho--0bb984112/

Osmar Klauberg-Filho

Agrônomo (UFSC, 1987), Mestre (UFV, 1991), Doutor (UFLA, 1999) em Solos e Nutrição de Plantas e Pós-Doutorado em Ecologia pela Universidade de Coimbra, Portugal. Atualmente é professor titular da Universidade do Estado de Santa Catarina. Tem experiência na área de Ciência do Solo, com ênfase em Microbiologia e Bioquímica do Solo, atuando principalmente nos seguintes temas: Ecologia e Ecotoxicologia do solo, interação planta microrganismos (com ênfase em Fungos micorrízicos arbusculares), ecologia do solo e serviços de ecossistema, análise de risco de resíduos e de agrotóxicos, análise de serviços ambientais no solo e inoculantes microbianos.
https://www.linkedin.com/in/osmar-klauberg-filho-7aa41424/

AUTORES DOS CAPÍTULOS

Aline de Liz Ronsani Malfatti

Engenheira agrônoma e bacharel em Ciências Rurais (UFSC). Pós-graduada em Gestão da Qualidade e Produtividade - UNOESC. Mestra e, atualmente, Doutoranda em Ciência do Solo pela UDESC/CAV. Possui expertise em microbiologia geral e do solo, ensaios ecotoxicológicos com fungos micorrízicos arbusculares (FMAs), produção de inoculantes com ênfase em culturas in vitro de FMAs, bactérias fixadoras de nitrogênio, auditoria pela ISO 17025. Foi bolsista extensão pela Fundação de Amparo à Pesquisa e Inovação (FAPESC) com vínculo à empresa Total Biotecnologia. Na empresa Vertà foi microbiologista gestora das análises de salmonelose aviária e teste de aglutinação microscópica de Leptospira sp. Atualmente atua no projeto de doutoramento intitulado: Avaliação do risco de agrotóxicos para fungos micorrízicos e seu potencial simbiótico (UDESC/Universidade de Coimbra (Portugal).
https://www.linkedin.com/in/aline-ronsani-malfatti-/

Douglas Alexandre

Possui formação técnica em Biotecnologia pelo IFSC (2012), graduação em Agronomia (2017) e mestrado (2019) e doutorado (2023) em Ciência do Solo (2019) e atualmente, Professor Colaborador e Pós-doutor na UDESC. Tem experiência em ecotoxicologia terrestre, com ênfase em avaliação de efeitos de agrotóxicos em organismos não alvo da fauna edáfica, e em ecologia do solo com ênfase na identificação de macrofauna e mesofauna edáfica. Tem experiência e interesse em ecologia do solo e Ecotoxicologia em condições de laboratório e semi-campo, estudando os efeitos tóxicos

causados por diferentes xenobióticos (pesticidas, fármacos veterinários, metais e matriz orgânica) na fauna do solo, microrganismos e plantas.
https://www.linkedin.com/in/douglas-alexandre-/

NATHALIA TURKOT CANDIAGO

Bacharel em Biotecnologia Industrial pela Universidade do Oeste de Santa Catarina (UNOESC). Durante a graduação, foi bolsista de iniciação científica na área de Microbiologia de Alimentos. Mestre no Programa de Pós-Graduação em Ciência do Solo, subárea de Biologia do Solo, na Universidade do Estado de Santa Catarina (CAV/UDESC), com pesquisa na área de bioinsumos.
https://www.linkedin.com/in/pamela-niederauer-pompeo

PÂMELA NIEDERAUER POMPEO

É engenheira florestal e doutora em Ciência do Solo pela Universidade do Estado de Santa Catarina (UDESC), onde trabalhou com fauna do solo em ecossistemas florestais e agrícolas. Foi professora dos cursos de Engenharia Ambiental e Sanitária e Agronomia na Universidade Federal da Fronteira Sul (UFFS). Contribuiu em projetos de ecologia e ecotoxicologia terrestre com fungos micorrízicos arbusculares (FMAs). Atualmente é pesquisadora na Universidade Federal do Rio Grande do Sul (UFRGS) em projetos de agricultura de baixo carbono. Tem experiência em biodiversidade, bioindicadores de alterações ambientais, qualidade do solo, análise de dados ecológicos, abordagem de traits para invertebrados edáficos, diversidade funcional e identificação da fauna invertebrada terrestre.
https://www.linkedin.com/in/p%C3%A2mela-niederauer-pompeo-29240592/

Rafaela Alves dos Santos Peron

Graduada em Agronomia e mestre em Ciência do Solo pela Universidade do Estado de Santa Catarina (UDESC). Atuou como bolsista de iniciação científica no Laboratório de Entomologia Agrícola, com foco em controles de pragas de frutíferas e de grãos armazenados, e no Laboratório de Ecologia e Ecotoxicologia do Solo, destacando-se em análise de riscos de agrotóxicos a organismos não alvo da fauna edáfica. Foi pesquisadora colaboradora associada ao Ibama, onde liderou e treinou equipe na condução de ensaios ecotoxicológicos.
https://www.linkedin.com/in/rafaela-alves-dos-santos-peron-67b268203/

Thiago Ramos Freitas

Engenheiro ambiental graduado pela Universidade do Estado de Santa Catarina (UDESC), laureado com o prêmio de melhor desempenho acadêmico pelo Conselho Regional de Engenharia e Agronomia de Santa Catarina e pelo Conselho Regional de Química de Santa Catarina. Mestre em Ciências Ambientais (UDESC). Atualmente doutorando em Ciência do Solo pelo Programa de Pós-Graduação em Ciência do Solo (UDESC). Tem experiência na análise de marcadores bioquímicos e o efeito adverso de pesticidas em ambientes aquáticos; na avaliação de risco ecológico (ARE); e na determinação do efeito dos metais sobre parâmetros comportamentais em bioindicadores da fauna edáfica.
https://www.linkedin.com/in/thiago-ramos-freitas-ba8a5a256/

PREFÁCIO

É com grande satisfação que apresentamos este livro de Biologia do Solo, uma obra cuidadosamente elaborada por um time de pesquisadores dedicados da Universidade do Estado de Santa Catarina (UDESC), sob a coordenação do professor Osmar Klauberg-Filho. Este livro surge como uma resposta à necessidade crescente de materiais didáticos que abordem de maneira acessível e profunda os complexos e fascinantes processos que ocorrem abaixo da superfície terrestre.

A biologia do solo é uma área fundamental para a compreensão dos ecossistemas e para a gestão sustentável dos recursos naturais. Compreender a vida no solo é essencial não apenas para estudantes de biologia, mas também para aqueles interessados em agronomia, ecologia, ciências ambientais e muitas outras disciplinas. Este livro foi concebido com o objetivo de fornecer uma base sólida de conhecimentos, ao mesmo tempo que instiga a curiosidade e o interesse dos estudantes do ensino médio e superior.

Ao longo dos capítulos, os leitores serão guiados por uma jornada que explora a diversidade dos organismos do solo, suas interações, e os processos biogeoquímicos que eles conduzem. Cada capítulo foi escrito com o cuidado de equilibrar a profundidade científica com uma linguagem clara e acessível, facilitando a compreensão dos conceitos tanto para iniciantes quanto para aqueles que já possuem algum conhecimento prévio na área.

A interdisciplinaridade é uma característica marcante desta obra. Os exemplos práticos e estudos de caso ao longo do texto visam conectar a teoria com a prática, incentivando os estudantes a aplicarem o conhecimento adquirido em situações reais.

Gostaríamos de expressar nosso sincero agradecimento a todos os autores e colaboradores que, com seu conhecimento e dedicação, tornaram este livro possível. Agradecemos também aos nossos leitores, cuja busca por conhecimento nos motiva a continuar contribuindo para a educação e a ciência.

Esperamos que este livro não apenas sirva como uma ferramenta educativa valiosa, mas que também inspire uma nova geração de cientistas e profissionais a valorizar e preservar os solos, um recurso vital para a vida no nosso planeta.

Boa leitura!

SUMÁRIO

1. BIODIVERSIDADE DO SOLO E SERVIÇOS ECOSSISTÊMICOS 19

1.1 Introdução 19
1.2 Diversidade do solo...20
    1.2.1 Organismos do solo 22
1.3 Serviços ecossistêmicos...25
    Referências 27

2. ECOLOGIA DO SOLO 29

2.1 Introdução 29
2.2 Estratégias de vida..30
2.3 Interações ecológicas..31
    2.3.1 Interações de caráter positivo.........................31
    2.3.2 Interações de caráter negativo 32
2.4 Características ecológicas das comunidades do solo 34
2.5 Importância de entender ecologia do solo para agricultura 35
    Referências 36

3. FAUNA DO SOLO..39

3.1 Introdução 39
3.2 Classificação da fauna do solo....................................39
3.3 Importância da fauna do solo 44
3.4 Fatores que afetam a fauna do solo 46
3.5 Importância da fauna do solo para a produtividade de sistemas agrícolas e florestais...................................48
    Referências 49

4. METABOLISMO E CRESCIMENTO MICROBIANO 51

4.1 Introdução 51

4.2 Conceitos de metabolismo...52

4.2.1 Reações catabólicas ou degradativas.....................52

4.2.2 Reações anabólicas ou de biossíntese.....................52

4.3 Metabolismo de aquisição de energia e nutrientes...........53

4.4 Aerobiose e anaerobiose no metabolismo microbiano...54

4.4.1 Potencial redox (Eh)...54

4.4.2 Coluna de Winogradsky...56

4.4.3 Respiração e fermentação...57

4.4.3.1 Fermentação...58

4.4.3.2 Respiração...58

4.4.3.3 O ciclo do glioxilato.....................................60

4.4.4 Fatores que influenciam o metabolismo
respiratório microbiano...61

4.5 Diferenças metabólicas entre procariontes
e eucariontes 62

4.6 Crescimento microbiano no solo...64

4.7 Metabolismo microbiano na agricultura.............................67

Referências 67

5. RIZOSFERA..69

5.1 Introdução 69

5.2 Definição e processos rizosféricos..70

5.3 Compostos depositados na rizosfera...................................71

5.4 Ecologia da rizosfera...72

5.5 Rizosfera na agricultura...73

5.5.1 Benefícios dos organismos rizosféricos 73

5.5.2 Impactos da agricultura na rizosfera 75

5.6 Perspectivas futuras para a pesquisa e
as aplicações da rizosfera..76

Referências 77

6. **MICORRIZAS** 81

6.1   Introdução 81

6.2   Tipos de micorrizas...82

    6.2.1   Arbuscular 83
    6.2.2   Ectomicorriza 84
    6.2.3   Ectoendomicorriza..85
    6.2.4   Arbutoíde 85
    6.2.5   Monotropóide 85
    6.2.6   Ericóide...86
    6.2.7   Orquidoide...86

6.3   Ecologia e fisiologia FMAs 87

6.4   Aplicação das micorrizas na agricultura e
        setor florestal...89

6.5   Fatores que regulam a ocorrência de micorrizas..............91

    6.5.1   Fósforo (P) como modulador da simbiose de FMAs..91
    6.5.2   Outros fatores que regulam a ocorrência
           e simbiose de FMAs...92

    Referências 93

7. **TRANSFORMAÇÕES MICROBIANAS DO P NO SOLO**.........99

7.1   Introdução 99

7.2   Ciclo, estoque e fluxos de fósforo.....................................100

7.3   Transformações microbianas do P 102

    7.3.1   Mineralização do P orgânico....................................102
    7.3.2   Imobilização do P 103

7.4   Microrganismos solubilizadores de fosfato......................103

7.5   Fungos micorrízicos e absorção de P.................................104

7.6   Perdas de P 104

7.7   Manejos biológicos do solo para melhorar
        a disponibilidade de P...105

    Referências 106

8. TRANSFORMAÇÕES MICROBIANAS DO NITROGÊNIO NO SOLO 109

8.1 Introdução 109

8.2 Estoques de nitrogênio (N) 110

8.3 Mineralização, amonificação e imobilização 111

8.4 Nitrificação 112

8.5 Desnitrificação 113

8.6 Emissão de GEE a partir do nitrogênio 116

8.7 Fixação biológica do nitrogênio 117

    8.7.1 Fixação biológica do nitrogênio: tipo simbiótica 118
    8.7.2 Fixação biológica do nitrogênio: tipo associativa 121

8.8 Outras formas de fixação de nitrogênio 122

    8.8.1 Síntese industrial (processo químico) 122
    8.8.2 Eventos ionizantes (processo físico) 123

8.9 Aplicações da FBN na agricultura 123

    Referências 124

9. TRANSFORMAÇÕES MICROBIANAS DO CARBONO NO SOLO 129

9.1 Introdução 129

9.2 Ciclo do carbono 130

    9.2.1 Fases do ciclo do carbono 130
    9.2.2 Estoques de carbono 131
    9.2.3 Dinâmica do carbono no solo 131

9.3 Agricultura e efeitos nos fluxos de carbono 136

9.4 Processos microbianos e emissão de gases de efeito estufa (GEE) 137

    9.4.1 Panorama e consequências dos GEE 137
    9.4.2 Práticas agrícolas e influência na emissão de CO_2 138
    9.4.3 Processos microbianos na emissão e mitigação de metano 139
    9.4.4 Sequestro de carbono na agricultura 142

Referências 143

10. ECOTOXICOLOGIA TERRESTRE...149

    10.1 Introdução 149
    10.2 Organismos utilizados nos testes.................................150
    10.3 Condução de ensaios ecotoxicológicos.......................152
    10.4 Importância da ecotoxicologia para a conservação
         de serviços ecossistêmicos 154
         Referências 155

11. MICRORGANISMOS PROMOTORES DE
CRESCIMENTO VEGETAL E BIOINSUMOS............................157

    11.1 Introdução 157
    11.2 Bioinsumos..159

         11.2.1 Inoculantes microbianos..................................159
         11.2.2 Biofertilizantes 161
         11.2.3 Remineralizador 162
         11.2.4 Coinoculação 164

    11.3 Produção de inóculo na fazenda (*on farm*) 165
         Referências 168

12. BIOLOGIA DA COMPOSTAGEM DE RESÍDUOS
AGROINDUSTRIAIS E FLORESTAIS 173

    12.1 Introdução 173
    12.2 Resíduos agrícolas e agroindustriais............................174

         12.2.1 Classificação dos resíduos................................174
         12.2.2 Tipos de resíduos da atividade agrícola e florestal......174

    12.3 Compostagem...175

         12.3.1 Processos microbianos da compostagem.....................175
         12.3.2 Construção da compostagem.............................177

    12.4. Fatores importantes na compostagem 178

         12.4.1 Umidade...178
         12.4.2 Oxigenação...179
         12.4.3 Relação C:N..179
         12.4.4 Granulometria...180
         12.4.5 Temperatura 180

12.4.6 Potencial de hidrogênio (pH) 180
12.4.7 Chorume 181
12.4.8 Tempo de processamento 181

12.5 Vermicompostagem 181
12.6 Composto e aplicações 182
Referências 182

13. BIOLOGIA DO SOLO NO MERCADO DE TRABALHO 185

13.1 Introdução 185
13.2 Linhas/setores de atuação 186

13.2.1 Pesquisa 186
13.2.2 Assistência técnica 187
13.2.3 Setor comercial 188

CONVERSA COM OS PROFISSIONAIS 189

1. BIODIVERSIDADE DO SOLO E SERVIÇOS ECOSSISTÊMICOS

Daniela Tomazelli, Douglas Alexandre,
Rafaela Alves dos Santos Peron

1.1 Introdução

O solo proporciona *hábitat* total ou parcial para vários organismos vivos, isso quer dizer que alguns vivem a vida toda no solo e outros apenas uma fase, tornando o solo um ambiente de elevada diversidade. Entre os organismos que vivem no solo, podem ser encontrados desde indivíduos microscópicos até o que é denominado macrofauna. Alguns organismos são de vida livre, outros se associam as plantas ou ainda formam simbioses. A vida do solo é fundamental para a provisão de serviços ecossistêmicos, como a produção de alimentos, fibras, combustível, mitigação de carbono, conservação da biodiversidade, entre outros (Murray, Crotty e Eekerren, 2012).

A biodiversidade do solo exerce significativa influência na qualidade do solo. A qualidade do solo foi definida por Doran e Parkin (1994) como "a capacidade de um solo funcionar dentro dos limites do ecossistema para sustentar a produtividade biológica, manter a qualidade ambiental e promover a saúde vegetal e animal".

Os organismos vivos foram e são importantes para o processo de formação do solo, que é lento, é constituem um dos três pilares da fertilidade do solo, atuando na ciclagem de nutrientes e na promoção do crescimento vegetal. O processo de bioturbação – que é a formação de canais e galerias, por meio de escavação ou pela ingestão de coloides e outras partículas do solo –, promove a translocação, transformação e adição de partículas do solo (Hasiotis, 2010). A ação da fauna e da microbiota, aliada à ação física e química das raízes vegetais, contribui para o processo de formação dos solos e determina os atributos encontrados no perfil de solo. Na Figura 1, é ilustrado o processo de formação e a contribuição dos organismos.

Figura 1: Fatores de formação do solo: material de origem, relevo, clima, organismos envolvidos pela ação do tempo

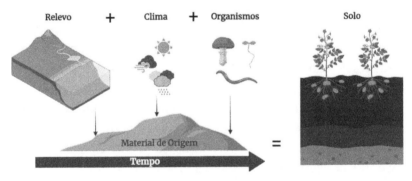

Fonte: elaborado pelos autores no BioRender – versão gratuita (2024).

1.2 Diversidade do solo

A diversidade pode ser entendida como a variedade de organismos em um determinado espaço. Essa diversidade possibilita manter o nível de função em um ecossistema, mesmo que haja mudanças em sua composição e abundância de espécies. A capacidade de organismos desempenharem as mesmas funções em um hábitat é conhecida como redundância funcional e assegura a manutenção de serviços ecossistêmicos.

No solo, por exemplo, bactérias e fungos realizam a decomposição da matéria orgânica. Dentro disso, alguns grupos desempenham funções bem específicas, como a oxidação do amônio (NH_4^+) para nitrato (NO_3^-), feita por arqueas oxidantes de amônia *Nitrosopumilus maritimus, Nitrososphaera viennensis* e *Nitrososphaera gargensis* (Van Elsas *et al.*, 2019). Funções muito específicas que são realizadas por ação de enzimas podem ter poucos substitutos para realizar a função, e a perda de grupos pode desequilibrar o ecossistema, fazendo com que um nutriente essencial se torne indisponível.

A diversidade pode ser mensurada com base na riqueza, que se refere à quantidade de indivíduos de um determinado nível taxonômico (filo, classe, ordem, família, gênero, espécie), que pode ser encontrado em uma área de abundância, que leva em consideração a quantidade de indivíduos por grupo taxonômico avaliado. Sendo assim, a diversidade envolve o parâmetro riqueza e a abundância de um determinado grupo taxonômico de indivíduos em relação à comunidade em geral, que é calculada por meio da fórmula de Shannon-Wiener ou da diversidade de Simpson (Dias, 2004). Na Figura 2, pode ser observada a relação entre riqueza, abundância e diversidade de organismos encontrados no solo, onde as comunidades A e C apresentam a maior diversidade, graças ao equilíbrio entre riqueza e abundância, enquanto as comunidades B e D são menos diversas, devido à predominância de um grupo de organismos em relação à comunidade geral.

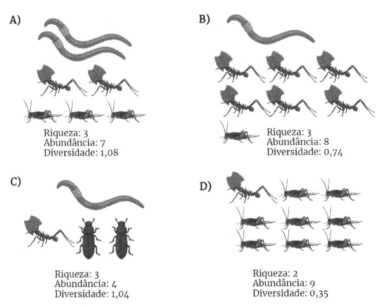

Figura 2: Riqueza, abundância e diversidade (Shannon-Wiener – H') de quadro comunidade de organismos do solo (A, B, C e D)

Fonte: elaborado pelos autores no BioRender – versão gratuita (2024).

A diversidade pode ser classificada em diferentes níveis. A diversidade alfa (α) se refere a diversidade local de uma comunidade. A diversidade beta (β) é a medida da diferença ou semelhança entre comunidades de diferentes hábitats. E, por fim, a diversidade gamma (γ) diz respeito à diversidade regional, incluindo a riqueza de espécies do conjunto de comunidades que integram uma paisagem, de acordo com o conceito proposto por Whittaker (1972).

1.2.1 Organismos do solo

Os organismos dos solos podem ser classificados de várias formas, entretanto, a mais utilizada é a classificação proposta por Swift *et al.* (1979), em que os grupos que compõem a biota do solo são classificados de acordo com sua mobilidade, hábito alimentar, função que desempenham no solo e, principalmente, pelo seu tamanho, em: microfauna (0,2 mm), mesofauna (0,2-4,0 mm) e macrofauna (>4,0 mm).

A microfauna é formada por bactérias, fungos, algas e protozoários, sendo um grupo que, com elevada diversidade, está representado nos três domínios da arvore filogenética da vida (*Archea, Bacteria* e *Eucaria*). As *archeas*, arqueas ou arqueobacterias são organismos primitivos similares às bactérias – inclusive até pouco tempo atrás eram consideradas bactérias, e algumas classes de arqueobacterias são capazes de produzir metano (metanogênese) como classes *Methanobrevibacter, Methanobacteria* e *Methanomicrobia* (Van Elsas *et al.*, 2019).

As bactérias são consideradas os organismos mais antigos da Terra e estão presentes em elevada quantidade no solo – estima-se que em uma colher de sopa podem ser encontradas 10^7 a 10^{10} células bacterianas por grama de solo. São fundamentais para a decomposição da matéria orgânica até a mineralização de nutrientes (N, P, K, S e C), indispensáveis pelas plantas.

Os fungos apresentam crescimento vegetativo unicelular (leveduras) ou formando hifas, que podem se diferencias em estruturas microscópicas (esporos) e macroscópicas (carpóforos - cogumelos, orelhas de pau, bolores). Os fungos ainda podem ser encontrados formando forma simbioses mutualísticas com as plantas (p.ex. fungos micorrizicos) ou parasítica. Algumas espécies de fungos atuam também como prepadores (p. ex. Trichoderma) e entomopatógenos.. O contrário também acontece, quando esses organismos são patógenos de raízes (Herman e Lecomte, 2019), dificultando a absorção de nutrientes. Os fungos são organismos extremamente importantes para a decomposição da matéria orgânica, mineralização de nutrientes, nutrição vegetal e agregação do solo, possibilitada pelas hifas.

Os vírus, apesar de não serem considerados seres vivos, por não apresentarem metabolismo próprio, são parte da diversidade do solo. Podem ser encontrados de 10.000.000 a 1.000.000.000 unidades de vírus por grama de solo (Mendes *et al.*, 2013). Os vírus são bem conhecidos por sua capacidade infecciosa e patogênica, porém são considerados importantes para o controle da densidade de populações de bactérias e fungos, nematoides, artrópodes, entre outros (Van Elsas *et al.*, 2019).

Os protozoários estão presentes no solo, de acordo com Mendes *et al.* (2013). Podem ser encontrados de 1.000 a 100.000 protozoários por grama de solo. Desempenham importantes funções na ciclagem biogeoquímica do nitrogênio, fósforo e enxofre (Couâteauxa e Darbyshireb, 1988). Além disso, são predadores de bactérias e fungos, o que pode ser benéfico para o controle de patógenos, ou prejudicial para bactérias promotoras de crescimento vegetal, como as do gênero *Rhizobium* (Rossine *et al.*, 2022).

Os nematoides são famosos pelos prejuízos causados na agricultura, porém estabelecem relações tróficas positivas no solo. Estão envolvidos na transformação do carbono no solo para formas assimiláveis para as plantas (Lazarova *et al.*, 2021).

A mesofauna é composta por microartrópodes (colêmbolos e ácaros) e enquitreídeos (microminhocas). Desempenha funções na ciclagem de nutrientes, controle biológico de patógenos, e também é fonte de alimento para outros organismos (Wurst, De Deyn e Orwin, 2012).

Os organismos da macrofauna podem passar parte de seu ciclo no solo ou a vida toda. São basicamente os organismos que podem ser vistos a olho nu, como minhocas, formigas, cupins, percevejos, aranhas, larva de coleópteros, entre outros. Desempenham funções como incorporação e decomposição da serrapilheira, abrem galerias que formam canais para a passagem e conservação de água no solo (Wall, 2012).

Os grupos de organismos não são formas que podem ser encontrados no solo é exemplificada na Figura 3.

Figura 3: Organismos que podem ser encontrados no solo

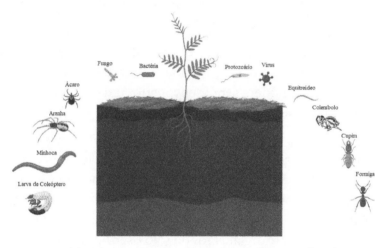

Fonte: elaborado pelos autores no BioRender – versão gratuita (2024).

1.3   Serviços ecossistêmicos

Serviços ecossistêmicos podem ser definidos como benefícios que as pessoas adquirem por meio dos recursos naturais e seus processos. Os serviços ecossistêmicos são categorizados em quatro classes: provisão, regulação, suporte e cultural.

O **serviço de provisão** inclui as matérias-primas utilizadas para a alimentação humana e animal, as fibras (madeiras) utilizadas para a construção de casas, o combustível utilizado como forma de energia, entre outros (Hasan *et al.*, 2020).

O **serviço de regulação** representa processos que asseguram o funcionamento do ecossistema, mantendo a condição de hábitat. Esses processos incluem o controle biológico de pragas e doenças, a purificação da água, a decomposição da matéria orgânica, a regulação climática e o sequestro de carbono.

O **serviço de suporte** desempenha funções importantes para outros serviços ecossistêmicos, como a fotossíntese e formação do solo, fundamentais para a provisão de alimentos e fibras e ciclagem de nutrientes e regulação climática.

O **serviço cultural** pode ser definido como o conjunto de benefícios relacionados às atividades recreativas, turísticas e espirituais, que podem ser desenvolvidos em contato com a natureza preservada.

Todos esses serviços ecossistêmicos são possíveis graças à ação de organismos presentes no solo, que realizam a decomposição da matéria orgânica e ciclagem biogeoquímica dos elementos, abrem galerias que possibilitam a infiltração da água, melhoram a saúde do solo e contribuem para a nutrição de plantas. A relação entre organismos do solo e serviços ecossistêmicos pode ser vista na Figura 4.

Figura 4: Serviços ecossistêmicos e organismos do solo envolvidos

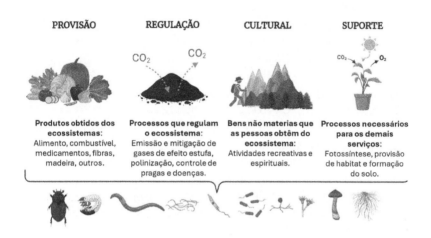

Fonte: elaborado pelos autores no BioRender – versão gratuita (2024).

Referências

BAKER, B.J.; ANDA, V.; SEITZ, K.W.; DOMBROWSKI, N.; SANTORO, A.E.; LLOYD, K.G. *Diversity, ecology and evolution of Archaea.* Nat Microbiol. 2020 5(7):887-900. doi: 10.1038/s41564-020-0715-z.

DIAS, S.C. *Planejando estudos de diversidade e riqueza: uma abordagem para estudantes de graduação.* Acta Sci Biol Sci. 2004;26(4):373-9.

DORAN, J.W.; PARKIN, T.B. *Deningand assessing soil quality.* In: DORAN, J.W., COLEMAN, D.C., BEZDICEK, D.F., STEWART, B.A. (Eds). Dening Soil Quality for a Sustainable Environment. Soil Science Society of America and American Society of Agronomy, Inc., Madison, WI, pp. 3–21. 1994.

EDEL-HERMANN, V.; LECOMTE, C. *Current Status of Fusarium oxysporum Formae Speciales and Races.* Phytopathology, 2019.

HASAN, S. S.; ZHEN, L.; MIAH, M. G.; AHAMED, T.; SAMIE, A. *Impact of land use change on ecosystem services*: A review. Environmental Development, 34, 100527, 2020.

HASIOTIS, A, S. T. *The Story of O: The Dominance of Organisms as a Soil-Forming Factor From an Integrated Geologic Perspective and Modern Field and Experimental Studies.* In World Congress of Soil Science. Brisbane/Australia, pp. 100-103, 2010.

LAZAROVA, S.; COYNE, D.; RODRIGUEZ, M. G.; PETEIRA, B.; CIANCIO, A. *Functional diversity of soil nematodes in relation to the impact of agriculture—a review.* Diversity, 13(2), 64, 2021.

MENDES, R.; KRUIJT, M.; BRUIJN, I. *Deciphering the rhizosphere microbiome for disease-suppressive bacteria.* Science, 332:1097–1100, 2011. https://doi.org/10.1126/science.1203980.

MENDES, R.; GARBEVA, P.; RAAIJMAKERS, J. M. *The rhizosphere microbiome: significance of plant beneficial, plant pathogenic, and human pathogenic microorganisms.* FEMS Microbiol, Rev 37:634– 663, 2013. https://doi.org/10.1111/1574-6976.12028.

MURRAY, F.; CROTTY, F.; VAN EEKERREN, N. Management of Grassland systems soil and ecosystem services. In: WALL, D.H. *Soil ecology and ecosystem services.* Oxford. 2012, p.282-295.

ROSSINE, F. W.; VERCELLI, G. T.; TARNITA, C. E.; GREGOR, T. *Structured foraging of soil predators unveils functional responses to bacterial defenses.* Proceedings of the National Academy of Sciences, 119(52), e2210995119, 2022.

VAN ELSAS, J. D.; TREVORS, T. J.; ROSADO, A. S.; NANNIPIERI, P. *Modern soil microbiology.* 3 rd edition. New York: CRC Press.2019. 501p.

WHITTAKER, A. R. H.; WHITTAKER, R. H. *Evolution and Measurement of Species Diversity Published by:* International Association for Plant Taxonomy (IAPT) Stable URL: http://www.jstor.org/stable/1218190. extend access to Taxon . Evolution And Measurement Of Species Diversity. Taxon. 21(2/3):213–51, 1972.

WURST, G. B.; DEYN, D. E.; ORWIN, K. Soil Biodiversity and Functions. In: WALL, D. *Soil Ecology and ecosystems services.* Oxford, 2012.

2. ECOLOGIA DO SOLO

Daniela Tomazelli, Douglas Alexandre

2.1 Introdução

A ecologia do solo é o ramo da biologia que estuda essas relações entre os seres vivos e destes com o ambiente. A sobrevivência e a eficiência metabólica de macro e microrganismos são moldadas pelo ambiente em que estão inseridos. O solo é um ambiente heterogêneo e complexo cuja natureza dinâmica do solo permite que organismos com diferentes exigências metabólicas coexistam em equilíbrio.

Essa dinâmica vai muito além de um indivíduo dividindo espaço. As necessidades metabólicas e funções que serão desempenhadas por um organismo são definidas ainda em seu código genético, como, por exemplo, a *Bradyrhizobium japonicum,* utilizada em inoculantes na cultura da soja (Torres *et al.*, 2012). Para que essas bactérias façam a fixação biológica do nitrogênio, é necessário que em seu DNA exista um gene que codifique para proteínas do complexo enzimático nitrogenase e, assim, reduzam N_2 a amônia (NH_3^+), para posteriormente ser transformado em amônio (NH_4^+), utilizado pelas plantas (Seep *et al.*, 2023).

Todos os organismos vivos fazem parte do componente biótico, que apresenta a seguinte hierarquia: genes → células → tecidos → órgãos → organismos → populações→ comunidades → ecossistema. Os genes definem funções que compõem o DNA e as células, em que um conjunto de células forma um organismo (exceto organismos unicelulares), vários organismos da mesma espécie formam uma população, várias populações de diferentes espécies formam uma comunidade e várias comunidades vivendo e utilizando componentes abióticos (água e nutrientes) para sobreviverem formam um ecossistema (Moreira e Siqueira, 2006).

2.2 Estratégias de vida

Organismos heterotróficos que competem por nutrientes e espaço desenvolveram estratégias de sobrevivência para perpetuar no ambiente que estão inseridos. Microrganismos **copiotróficos** requerem grandes quantidades de nutrientes para o crescimento. Em situações nas quais os copiotróficos têm acesso a uma alta quantidade de nutrientes, o desenvolvimento é acentuado, e eles se tornam dominantes. No entanto, têm pouco sucesso em condições de baixa disponibilidade de nutrientes. De forma contrária, os organismos **oligotróficos** colonizam de forma lenta e podem crescer em baixas ofertas de nutrientes (Van Elsas *et al.*, 2019).

Por exemplo, analisando uma pastagem natural, em que a disponibilização de nutrientes é feita de forma lenta pela mineralização da matéria orgânica, se compararmos com uma pastagem que recebe adubação (NPK), veremos que na pastagem natural predominam microrganismos oligotróficos, enquanto na pastagem com alto aporte de nutrientes, os copiotróficos são dominantes (Tomazelli *et al.*, 2023).

2.3 Interações ecológicas

2.3.1 Interações de caráter positivo

- **Comensalismo**: nesse tipo de relação, uma espécie se beneficia de outra, e apenas uma delas obtém benefícios sem prejudicar a outra. Isso acontece em situações em que uma espécie precisa de um substrato sintetizado por outra (Moreira e Siqueira, 2006). Muitas relações entre plantas e microrganismos são comensalistas – por exemplo, as plantas precisam de fósforo disponível na solução do solo, e, no caso de solos tropicais, o P fica adsorvido na matriz do solo, tornando-se indisponível. Esse fósforo pode ser solubilizado por bactérias do gênero *Bacillus*, favorecendo a nutrição de plantas, sem prejuízos à bactéria (Weber e Fuchs, 2022).

- **Protocooperação**: nessa relação, ocorrem benefícios mútuos sem obrigatoriedade. Se não ocorrer interação, nenhuma das espécies é prejudicada; porém, se ocorrer, ambas obtém benefícios (Moreira e Siqueira, 2006). Isso acontece quando duas espécies fornecem fatores de crescimento uma à outra. O exemplo mais conhecido é a fixação biológica do nitrogênio, por bactérias do gênero *Azospirillum*, que enriquecem o ambiente com N para as plantas, que em contrapartida fornecem carbono prontamente disponível (Kumar *et al.*, 2020).

- **Simbiose mutualística**: nessa relação, existe a obrigatoriedade de contrapartida dos envolvidos: ambos se beneficiam, e a ausência de um prejudica o parceiro (Moreira e Siqueira, 2006). Um bom exemplo é a simbiose entre plantas e fungos micorrízicos arbusculares (FMAs), em que a planta é favorecida pelo fungo que aumenta a área de exploração das raízes, a absorção de nutrientes pouco móveis e de difícil acesso como o fósforo. O fungo, por outro lado, é beneficiado com disponibilização de açúcares provenientes da fotossíntese e com abrigo no córtex radicular das plantas (Bennett *et al.*, 2022). Esse dreno de fotoassimilados (carbono) da planta para o fungo, aumenta a taxa fotossintética e a velocidade de crescimento da planta (Tomazelli *et al.*, 2022).

2.3.2 Interações de caráter negativo

- **Competição**: a competição é a luta pela utilização de recursos como energia, espaço, água e oxigênio que pode ocasionar a inibição mútua. Em alguns casos, essa competição, mediada por um metabolito ativo, que fornece uma vantagem competitiva, como no caso da alelopatia, em que, na interação competitiva, um organismo inibe outro por meio de substâncias excretadas. Um exemplo é a batata-doce (*Ipomoea batatas*), que sintetiza mais de 5 ativos metabólicos capazes de inibir plantas invasoras ou oportunistas, como o azevém (*Lolium multiflorum*) (Shen *et al.*, 2022). Esse é um exemplo de competição por espaço e nutrientes.
- **Amensalismo**: nessa relação, um dos organismos ganha a luta pela sobrevivência, por meio da produção de substâncias tóxicas ou letais, ou por alterar fatores ambientais que prejudiquem a outra espécie (pH, concentração nutrientes). Um exemplo é o fungo *Penicillium,* que produz substâncias antibióticas que inibem a ocorrência de bactérias (Kumar *et al.*, 2022).

- **Parasitismo**: nesta interação, uma das espécies é prejudicada, enquanto a outra obtém benefícios – geralmente alimento ou abrigo. Um exemplo interessante são as espécies de fungos do gênero *Ophiocordyceps,* que parasitam formigas, afetando o sistema nervoso tornando-as verdadeiros zumbis, que passam o final do seu ciclo espalhando esporos do fungo (Tang *et al.*, 2022). Além desse caso, o parasitismo pode ser um problema agrícola, como no caso dos nematoides (*Meloidogyne* spp.), que parasitam raízes de plantas e comprometem a produtividade (Singh, Singh e Singh, 2015). Mas nem tudo está perdido: o parasitismo é comum em estratégias de controle biológico, como a vespa *Trichogramma* spp., que parasita ovos de pragas da ordem *Lepidoptera* (Cabello *et al.*, 2012; Postali Parra; Coelho, 2019).

- **Predação**: nessa relação, uma espécie é fonte de alimento para outra. Um exemplo comum são os colêmbolos, que se alimentam de fungos e são considerados pastejadores de fungos. Em alguns casos, se alimentam de esporos de FMAs (Ngosong *et al.*, 2014; Klironomos e Moutoglis 1999). Outro bom exemplo de predação são as joaninhas (*Harmonia axyridis*), que se alimentam de pulgões (*Acyrthosiphon pisum*). Essa relação de predação é utilizada como estratégia de controle biológico (Yang *et al.*, 2023).

As diferentes interações ecológicas citadas acima podem ser vistas na Figura 5.

Figura 5: Interações ecológicas negativas e positivas entre organismos terrestres, em que (+) representa a espécie beneficiada, e (-) a espécie com prejuízo

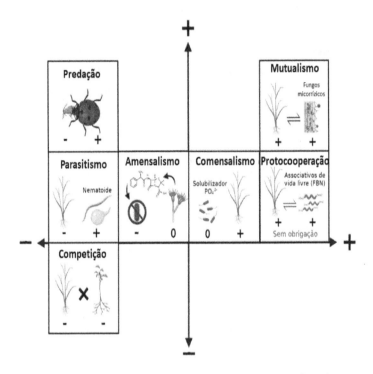

Fonte: elaborado pelos autores no BioRender – versão gratuita (2024).

2.4 Características ecológicas das comunidades do solo

A diversidade taxonômica pode assegurar a diversidade metabólica, redundância funcional e resiliência funcional. A **diversidade metabólica** diz respeito aos processos que podem ser realizados por uma comunidade. Por exemplo, se em uma comunidade forem encontrados grupos que fazem a oxidação da amônia, nitrificação e desnitrificação, esta é mais diversa metabolicamente do que uma comunidade com várias espécies que somente realizam a oxidação da amônia. A diversidade funcional assegura a continuidade de vários processos no solo, mas, para que estes se mantenham, mesmo em condições adversas, é importante haver **redundância funcional**, que se refere à capacidade de mais de um grupo de organismos realizar a mesma função. Já a **resiliência** se refere à capacidade do sistema retornar ao estado original, após um impacto ambiental (Cardoso e Andreote, 2016). A Resistência por sua vez é a capacidade de um sistema sustentar sua estrutura e funções ao sofrer algum tipo de distúrbio (Orgiazzi *et* 2016; Cardoso e Andreote, 2016)

2.5 Importância de entender ecologia do solo para agricultura

Os organismos do solo (microbiota e macro/mesofauna) desempenham importantes funções para a estruturação e fertilidade do solo, assim como produção vegetal. Compreender as relações entre organismos e dos organismos com os fatores abióticos como as práticas agrícolas pode ser um aliado nas estratégias de campo. Um bom exemplo disso é o plantio direto, que preserva a umidade e mantém a porosidade do solo. Essas características favorecem boa parte dos organismos, com destaque para as minhocas. Manter condições de solo que preservem as minhocas no hábitat contribui para ter maior teor de carbono orgânico solúvel no solo, aumentando a porosidade do solo e agregação e favorecendo o crescimento de raízes, o desenvolvimento e a produtividade vegetal. Estratégia simples que pode ter grande diferença em longo prazo.

Referências

BENNETT, A. E.; GROTEN, K. *The costs and benefits of plant–arbuscular mycorrhizal fungal interactions.* Annual Review of Plant Biology, v. 73, p. 649-672, 2022.

CABELLO, T.; GÁMEZ, M.; VARGA, Z.; GARAY, J.; CARREÑO, R.; GALLEGO, J. R.; VILA, E. *Selection of Trichogramma spp.(Hym.: Trichogrammatidae) for the biological control of Tuta absoluta (Lep.: Gelechiidae) in greenhouses by an entomo-ecological simulation model.* IOBC/WPRS Bull, 80, 171-176, 2012.

DIAS, S.C. *Planejando estudos de diversidade e riqueza*: uma abordagem para estudantes de graduação. Acta Sci Biol Sci. V.26, n.4, 373–379, 2004.

KLIRONOMOS, J. N.; MOUTOGLIS, P. *Colonization of nonmycorrhizal plants by mycorrhizal neighbours as influenced by the collembolan, Folsomia candida.* Biology and Fertility of Soils, *29*, 277-281, 1999.

KUMAR, N.; SRIVASTAVA, P.; VISHWAKARMA, K.; KUMAR, R.; KUPPALA, H.; MAHESHWARI, S. K.; VATS, S. *The rhizobium–plant symbiosis*: state of the art. Plant microbe symbiosis, p. 1-20, 2020.

KUMAR, R.K., SINGH, N.K., BALAKRISHNAN, S; PARKER, C. W.; RAMAN, K.; VENKATESWARAN, K. *Metabolic modeling of the International Space Station microbiome reveals key microbial interactions.* Microbiome 10, 102, 2022.

MOREIRA, F. M. S.; SIQUEIRA, J. O. *Microbiologia e Bioquímica do Solo.* Lavras: UFLA, 2006.

NGOSONG, C.; GABRIEL, E.; RUESS, L. *Collembola grazing on arbuscular mycorrhiza fungi modulates nutrient allocation in plants.* Pedobiologia, 57, 171–179, 2014.

ORGIAZZI, A. *et al. Global Soil Biodiversit.* Atlas JRC and the Global Soil Biodiversity Initiative, 2016.

POSTALI PARRA, J. R.; COELHO, A. *Applied biological control in Brazil*: from laboratory assays to field application. Journal of Insect Science, 19(2), 5, 2019.

SEPP, S. K.; VASAR, M.; DAVISON, J.; OJA, J.; ANSLAN, S.; AL-QURAISHY, S.; BAHRAM, M.; BUENO, C. G.; CANTERO, J. J.; FABIANO, E. C.; DECOCQ, G.; DRENKHAN, R.; FRASER, L.; GARIBAY ORIEL, R.; HIIESALU, I.; KOOREM, K.; KÕLJALG, U.; MOORA, M.; MUCINA, L.; ÖPIK, M.; ZOBEL, M. *Global diversity and distribution of nitrogen-fixing bacteria in the soil.* Frontiers in plant science, 14, 1100235, 2023.

SINGH, S., SINGH, B., & SINGH, A. P. *Nematodes: A threat to sustainability of agriculture*. Procedia Environmental Sciences, 29, 215-216, 2015.

SHEN, S.; MA, G.; XU, G.; LI, D.; JIN, G.; YANG, S.; YE, M. *Allelochemicals identified from sweet potato (Ipomoea batatas) and their allelopathic effects on invasive alien plants*. Frontiers in Plant Science, 13, 823947, 2022.

TANG, D.; HUANG, O.; ZOU, W.; WANG, Y.; WANG, Y.; DONG, Q.; YU, H. *Six new species of zombie-ant fungi from Yunnan in China*. IMA Fungus, 14, 9, 2023.

TOMAZELLI, D.; KLAUBERG-FILHO, O.; MENDES, S. D. C.; BALDISSERA, T. C.; GARAGORRY, F. C.; TSAI, S. M.; MENDES, L.W.; GOSS-SOUZA, D. *Pasture management intensification shifts the soil microbiome composition and ecosystem functions*. Agriculture, Ecosystems & Environment, 346, 108355, 2023.

TOMAZELLI, D.; COSTA, M. D.; PRIMIERI, S.; RECH, T. D.; SANTOS, J. C. P.; KLAUBERG-FILHO, O. *Inoculation of arbuscular mycorrhizal fungi improves growth and photosynthesis of Ilex paraguariensis (St. hil) seedlings*. Brazilian Archives of Biology and Technology, 65, e22210333, 2022.

TORRES, A.R.; KASCHUK, G.; SARIDAKIS, G.P.; HUNGRIA, M. *Genetic variability in Bradyrhizobium japonicum strains nodulating soybean* [Glycine max (L.) Merrill]. World J Microbiol Biotechnol, v.28, p.1831–1835, 2012.

VAN ELSAS, J. D.; TREVORS, T. J.; ROSADO, A. S.; NANNIPIERI, P. *Modern soil microbiology*. 3 rd edition. New York: CRC Press.2019. 501p.

WEBER, M.; FUCHS, T. M. *Metabolism in the niche: a large-scale genome-based survey reveals inositol utilization to be widespread among soil, commensal, and pathogenic bacteria*. Microbiology Spectrum, v. 10, n. 4, p. e02013-22, 2022.

WHITTAKER,A.R.H.; WHITTAKER,R.H. *Evolution and Measurement of Species Diversity Published by*: International Association for Plant Taxonomy (IAPT) Stable URL: http://www.jstor.org/stable/1218190 . extend access to Taxon . Evolution And Measurement Of Species Diversity . Taxon. 21, 213-215, 1972.

YANG, Z. K.; QU, C.; PAN, S. X.; LIU, Y.; SHI, Z.; LUO, C.; YANG, X. L. *Aphidrepellent, ladybugattraction activities, and binding mechanism of methyl salicylate derivatives containing geraniol moiety*. Pest Management Science, 79(2), 760-770, 2023.

3. FAUNA DO SOLO

Luís Carlos Iuñes de Oliveira Filho, Pâmela Niederauer Pompeo

3.1 Introdução

Durante as últimas décadas, um número crescente de estudos vem sendo realizado com organismos do solo como bioindicadores de qualidade do ecossistema. A fauna do solo é um desses grupos que têm mostrado alta sensibilidade e capacidade em refletir as alterações ambientais e o estado do solo.

A fauna do solo, também conhecida como fauna edáfica, refere-se ao conjunto de organismos vivos (animais) que habitam o solo em pelo menos uma parte do seu ciclo de vida, desempenhando papéis essenciais nos ecossistemas terrestres. Essa fauna é composta por uma variedade de organismos. Entre eles, estão as minhocas, diversos insetos, aracnídeos, crustáceos, nematoides e colêmbolos.

3.2 Classificação da fauna do solo

Muitas classificações são atribuídas à fauna do solo, relacionadas aos hábitos alimentares, características morfológicas de adaptação à vida no solo, tempo de permanência no sistema solo, entre outras. Porém, duas merecem mais atenção por serem amplamente utilizadas: a primeira é em relação ao seu diâmetro corporal (Swift *et al.*, 1979), e a segunda é a classificação funcional (Lavelle, 1997).

A classificação da fauna do solo por tamanho é bastante prática, já que ela dá uma ideia sobre as funções que esses organismos podem exercer, como, por exemplo, ciclagem de nutrientes, estrutura do solo e controle biológico. Assim, ela é classificada da seguinte forma: **macrofauna** (2 a 20 mm de diâmetro) e **megafauna** (maior que 20 mm) do solo, incluindo organismos de tamanho relativamente grande e que podem ser vistos a olho nu, como minhocas, artrópodes maiores e pequenos vertebrados (embora estes não sejam muito comuns nos estudos). Esses organismos desempenham um papel fundamental na decomposição de matéria orgânica e na formação da estrutura do solo. **Mesofauna** do solo (0,1 a 2 mm) consiste em organismos de tamanho intermediário, como ácaros, colêmbolos e insetos. Eles são importantes para a decomposição de resíduos orgânicos menores e auxiliam na ciclagem de nutrientes e na regulação de populações no solo. **Microfauna** do solo (menor que 0,1 mm) compreende organismos microscópicos, como nematoides, rotíferos e tardígrados (Figura 6). Essa fauna do solo é essencial para a regulação de populações de microrganismos.

Figura 6: Classificação da fauna do solo em relação ao seu diâmetro corporal

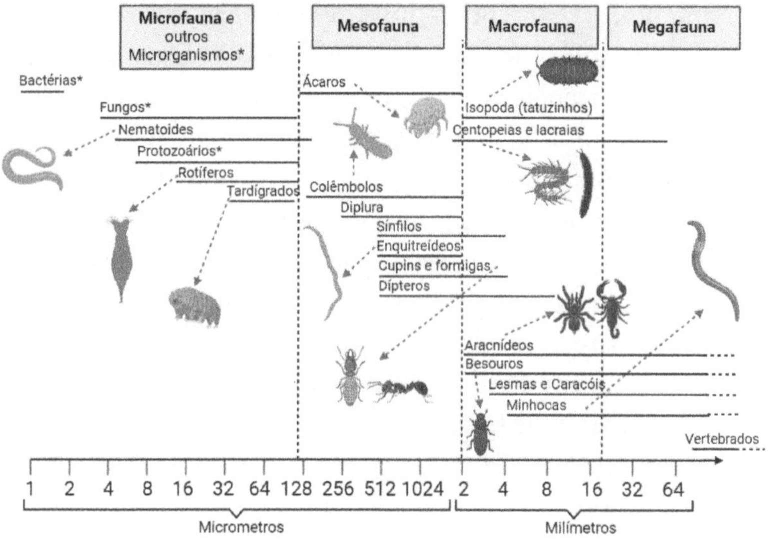

Fonte: adaptada de Swift *et al.* (1979).

A classificação funcional da fauna do solo é uma abordagem que categoriza os organismos dessa fauna de acordo com suas funções ecológicas e os papéis que desempenham nos ecossistemas do solo. Essa classificação considera as diferentes funções desempenhadas pelos organismos da fauna do solo, como decomposição da matéria orgânica, ciclagem de nutrientes, controle biológico, formação de estrutura do solo, entre outros. Com base nessas funções, os organismos podem ser agrupados nas seguintes categorias funcionais:

a. **Engenheiros do ecossistema**: são aqueles organismos que modificam o ambiente físico e influenciam a estrutura e a função dos ecossistemas. No solo, esses organismos desempenham um papel importante na criação e modificação de micro-hábitats. As minhocas são conhecidas como engenheiras do solo, pois criam galerias e túneis durante sua atividade de escavação. Essas galerias melhoram a aeração, a drenagem e a estrutura do solo, promovendo a penetração de água e a circulação de nutrientes. Além das minhocas, podemos citar outros exemplos, como cupins, formigas e coleópteros.

b. **Transformadores da serrapilheira**: a serrapilheira é a camada de material orgânico morto, como folhas, galhos e outros detritos vegetais e animais, que se acumula na superfície do solo. Os organismos da fauna transformadores da serrapilheira são responsáveis, principalmente, pela fragmentação desses materiais, contribuindo para o ataque de bactérias e fungos no processo de decomposição e pela liberação de nutrientes no solo. Alguns exemplos de organismos transformadores da serrapilheira incluem tatuzinhos-de-jardim, coleópteros, minhocas e diplópodes.

c. **Predadores**: alguns organismos da fauna do solo são predadores, ou seja, se alimentam de outros organismos. Eles desempenham um papel crucial no controle de populações e no equilíbrio dos ecossistemas do solo. Alguns exemplos de predadores da fauna do solo incluem as aranhas, centopeias e besouros, que são predadores comuns do solo e se alimentam de uma variedade de organismos. Organismos da microfauna e mesofauna do solo agem como reguladores de populações de bactérias e fungos.

Na Figura 7, pode ser observada a classificação funcional da fauna do solo no sistema solo. Nela é possível verificar um modelo simplificado com os grupos de organismos do solo: microrganismos, **micro, meso e macrofauna** agrupados em três categorias. Primeiro, os "micro" (na linha pontilhada) incluem os microrganismos conhecidos como bactérias e fungos, que estão na base da teia alimentar e decompõem a matéria orgânica do solo, que representa o recurso básico do ecossistema do solo, e seus **predadores** diretos da microfauna, a exemplo dos nematoides, também é possível visualizar outros predadores maiores. Em segundo lugar, os **transformadores de liteira** (serrapilheira) que fragmentam os resíduos, criando novas superfícies para o ataque microbiano. Por fim, os **engenheiros do ecossistema** – como cupins, minhocas e formigas – modificam a estrutura do solo, melhorando a circulação de nutrientes, energia, gases e água (FAO *et al.*, 2020).

Figura 7: Classificação funcional da fauna do solo no ecossistema do solo

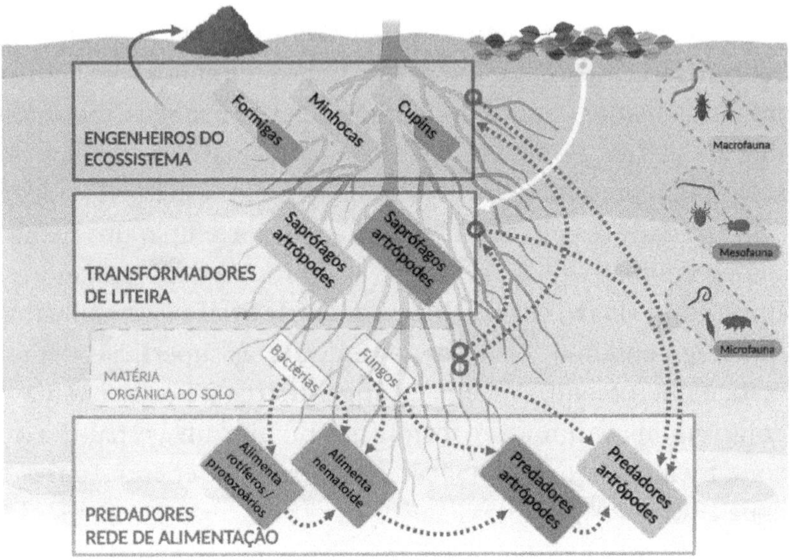

Fonte: adaptado de FAO *et al.* (2020).

3.3 Importância da fauna do solo

O solo é o hábitat natural para uma grande variedade de organismos, tanto microrganismos quanto a fauna do solo. Sendo assim, esse ecossistema apresenta uma imensa diversidade taxonômica, refletindo na variabilidade de tamanhos e de metabolismos no sistema do solo. Como resultado, essa variabilidade de organismos da fauna do solo desempenha diversas funções importantes nos ecossistemas. As funções ecossistêmicas podem ser entendidas como o resultado dos processos ecológicos, que são necessários e dão suporte para a produção dos serviços ecossistêmicos (provisão, regulação e culturais), que são os benefícios que nós, seres humanos, obtemos da natureza.

Estas funções desempenhadas pela fauna do solo variam de efeitos físicos, tais como: mudança da estrutura do solo, aumento da porosidade e bioporos; efeitos nos regimes hídricos, relacionados à infiltração e ao armazenamento de água no solo, em decorrência da bioturbação e formação de galerias no solo; efeitos químicos e biológicos, entre eles a degradação de poluentes, decomposição, ciclagem de nutrientes, a emissão de gases de efeito estufa, sequestro de carbono, proteção vegetal e melhoramento do crescimento ou supressão. Essas funções podem ser vistas em mais detalhes na Tabela 1.

Tabela 1: Funções essenciais realizadas pelos organismos do solo

Funções	Organismos envolvidos
Manutenção da estrutura do solo.	Criação de canais e movimentação de material sólido mineral e/ou orgânico (bioturbação) por parte da fauna do solo (minhocas, formigas e térmitas, principalmente, macroestutura).
Regulação dos processos hidrológicos do solo.	Bioturbação por parte da fauna do solo.
Ciclagem de nutrientes (regulação da disponibilidade e absorção).	Alguns organismos da fauna do solo e da serrapilheira, como formigas e minhocas.
Trituração e decomposição da matéria orgânica.	Fauna da serrapilheira (detritívoros), incluindo minhocas, formigas, colêmbolos e ácaros.
Supressão de pragas, parasitas e doenças.	Protozoários, nematoides, ácaros, colêmbolos e outros predadores.
Trocas gasosas e sequestro de carbono (acúmulo no solo).	Algum C protegido em grandes agregados compactos biogênicos, formados pela fauna do solo, como minhocas, formigas e térmitas.
Controle do crescimento de plantas (positiva e negativamente).	Nematoides fitoparasitas, insetos rizófagos, agentes de biocontrole (predadores da fauna do solo).
Fontes de alimentos medicinais.	Vários insetos (grilos, larvas de coleópteros, formigas, térmitas), minhocas e outros invertebrados.

Fonte: modificado de Jeffery *et al.* (2010) e Ruiz *et al.* (2008).

Os principais grupos da fauna que podem ser encontrados em solos brasileiros estão representados na Figura 8.

Figura 8: Exemplos de organismos encontrados no solo

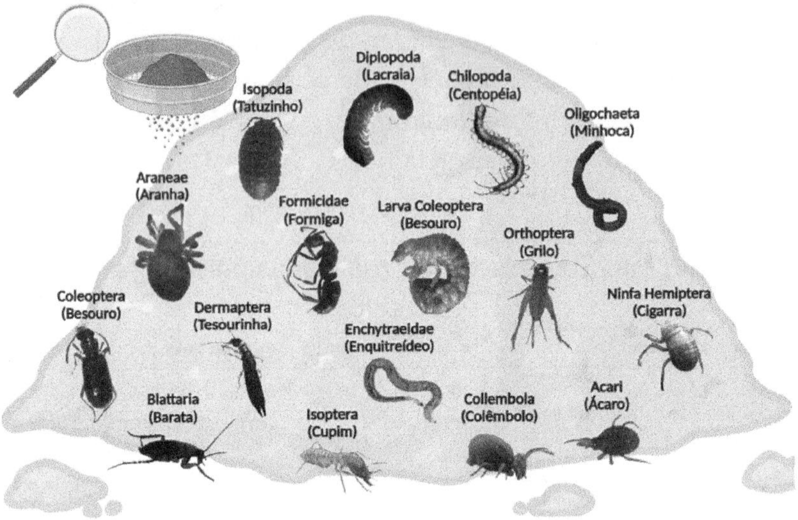

Fonte: elaborado pelos autores (2024).

3.4 Fatores que afetam a fauna do solo

A fauna de solo presente em uma determinada área é o reflexo das condições do ambiente e do solo. São as características do hábitat, como vegetação, clima, tipo de solo, pH, quantidade e qualidade de serrapilheira acumulada, tipos de manejo, entre outros, que determinam quais os grupos da fauna de solo que estarão presentes e suas quantidades. Desta forma, mudanças na abundância relativa e diversidade das espécies de invertebrados do solo constituem-se bons indicadores de mudanças no sistema.

As propriedades físicas, químicas e biológicas do solo são modificadas consideravelmente pelas práticas agrícolas. Essas práticas podem afetar os organismos do solo de forma positiva ou negativa (Tabela 2), por modificar o tamanho e a composição das comunidades biológicas do solo, com consequências importantes na fertilidade e produtividade.

Tabela 2: Efeitos de diferentes práticas de manejo nos organismos da fauna do solo

Práticas de manejo	Efeitos nos organismos da fauna do solo e funções
Cultivo	Mais rápida decomposição da matéria orgânica pela alta taxa de bactérias/fungos, o que favorece determinados grupos reguladores da micro e mesofauna; baixa população da macrofauna.
Plantio direto	Favorece alta diversidade e abundância de populações da micro, meso e macrofauna.
Entrada de matéria orgânica	Mudanças na taxa de decomposição e populações de organismos (alguns diminuem, outros aumentam, dependendo do tipo de material); maior atividade da fauna e dos microrganismos, especialmente detritívoros.
Fertilização	Aumento na produção de plantas e entrada de material orgânico; aumento na população de alguns organismos em virtude da maior oferta de alimento.
Rotação de culturas	Maior diversidade aérea e subterrânea, o que favorece populações mais elevadas, biomassa e atividade da maioria dos organismos.
Agrotóxicos	Redução de espécies não alvo da biota, como insetos benéficos e minhocas.

Fonte: modificado de Swift (1997) e Ruiz *et al.* (2008).

A intensificação do manejo causa efeitos sobre a fauna do solo (Ruiz *et al.*, 2008), sendo esta relacionada aos seguintes fatores:

a. Redução na diversidade da vegetação;

b. Diminuição na quantidade de serrapilheira (matéria orgânica);

c. Diminuição na densidade do sistema radicular;

d. Modificação do microclima do solo;

e. Aplicação de agrotóxicos de amplo espectro.

3.5 Importância da fauna do solo para a produtividade de sistemas agrícolas e florestais

Como visto ao longo do capítulo, a fauna do solo atua de forma direta ou indireta em diversos processos no solo, que estão relacionados com funções e serviços ecossistêmicos, tanto em áreas agrícolas quanto florestais. Os componentes desse grupo são capazes de fragmentar e transportar material orgânico para diferentes profundidades do solo e formar galerias, influenciando na formação, porosidade, infiltração de água e fertilidade do solo. Sendo assim, a fauna do solo está relacionada com o desenvolvimento vegetal e produtividade dos sistemas.

Diversos estudos vêm sendo realizados com o objetivo de avaliar essa relação. A exemplo do trabalho de Baretta *et al.* (2014), que estudaram a fauna do solo em cinco sistemas de uso e manejo do solo. Como resultado, eles verificaram que a fauna apresentou potencial para ser utilizada como indicadora da qualidade do solo, uma vez que alguns grupos se mostraram sensíveis às mudanças das variáveis ambientais e ao manejo do solo. O manejo do solo utilizando rotação de culturas apresentou maior diversidade, comparado aos sistemas utilizando sucessão de culturas, evidenciando a importância do gerenciamento do cultivo do solo, independentemente da estação do ano (verão ou inverno).

Pompeo (2020) avaliou a fauna do solo em escala da paisagem no Sul do Brasil e verificou que sistemas com vegetação nativa apresentaram maior abundância da fauna, como em floresta nativa e pastagem nativa. A composição de grupos taxonômicos foi diferente entre os fragmentos de pastagem e plantio direto. A autora também demonstrou que a heterogeneidade das paisagens está relacionada com as diferenças observadas na estrutura das comunidades, e que a manutenção de fragmentos de floresta nativa pode contribuir como "fonte" de biodiversidade da fauna para as áreas agrícolas adjacentes.

Quanto à produtividade em sistemas agrícolas, o estudo de Kraft *et al.* (2021) avaliou a relação da fauna do solo, no sistema de plantio direto, com diferentes níveis de produtividade de soja (alta, média e baixa) na região oeste de Santa Catarina, Brasil. Como resultado, os autores verificaram que o aumento da diversidade e da riqueza da macrofauna do solo tiveram correlação com o aumento da produtividade de soja, ou seja, a produtividade da cultura foi afetada pela fauna edáfica.

O sistema solo é conhecido por ser complexo e dinâmico, em que a fauna participa de funções ecossistêmicas e ocupa diversas posições na cadeia trófica, ora sendo predadora, ora servindo de alimento. Consequentemente, por ser o solo um sistema complexo, com enorme biodiversidade, a fauna edáfica pode ser influenciada por distúrbios ambientais e alterações antrópicas. Contudo, tem também papel importante na capacidade do solo em resistir às alterações, nos processos de recuperação ambiental e na resiliência do solo.

Referências

BARETTA, D.; BARTZ, M.L.C.; FACHINI, I.; ANSELMI, R.; ZORTÉA, T.; BARETTA, C.D.R.M. *Soil fauna and its relation with environmental variables in soil managment systems.* Rev. Ciência Agronômica 45, 871–879, 2014.

FAO, ITPS, GSBI, SCBD, EC. *State of knowledge of soil biodiversity – Status, challenges and potentialities, Summary for policy makers.* Rome, FAO. 2020.

JEFFERY, S.; GARDI, C.; JONES, A.; MONTANARELLA, L.; MARMO, L.; MIKO, L.; RITZ, K.; PERES, G.; RÖMBKE, J; VAN DER PUTTEN, W.H. *European Atlas of Soil Biodiversity.* Luxembourg: European Commission, Publications Office of the European Union, 2010. 128p.

KRAFT, E.; OLIVEIRA FILHO, L. C. I.; CARNEIRO, M. C.; KLAUBERG FILHO, O.; MALUCHE-BARETTA, C.R.D.; BARETTA, D. *Edaphic fauna affects soybean productivity under no-till system.* Scientia Agricola, v. 78, e20190137, 2021.

LAVELLE, P. *Faunal activities, and soil processes: adaptive strategies that determine ecosystem function.* Adv Ecol Res.27, 93–132, 1997.

POMPEO, P. N. *Biodiversidade de invertebrados e sua relação com atributos edáficos, usos do solo e composição da paisagem em Santa Catarina.* Tese (doutorado) - Universidade do Estado de Santa Catarina, Programa de Pós-Graduação em Ciência do Solo, Lages, 2020.

RUIZ, N.; LAVELLE, P. & JIMÉNEZ, J. *Soil Macrofauna:* field manual. Rome: FAO, 2008. 113p.

SWIFT, M.J. Biological management of soil fertility as a component of sustainable agriculture: Perspectives and prospects with particular reference to tropical regions. In: BRUSSAARD, L. & FERRERA-CERRATO, R. (Eds.) *Soil Ecology in Sustainable Agricultural Systems.* Boca Raton: Lewis Publishers, 1997. p.137–159.

SWIFT, M.J.; HEAL, O.W.; ANDERSON, J.M. The decomposer organisms. In: *Decomposition in Terrestrial Ecosystems.* Berkeley, University of California Press, 1979. p.66–117.

4. METABOLISMO E CRESCIMENTO MICROBIANO

Daniela Tomazelli, Dennis Góss-Souza

4.1 Introdução

O funcionamento de uma célula depende do metabolismo básico ou primário, que é a respiração, realizada para a obtenção de energia. Os microrganismos, como as bactérias e os fungos, são capazes de degradar, transformar e fixar nutrientes, desempenhando um papel crucial no solo. Por meio do metabolismo microbiano, ocorre a decomposição de compostos orgânicos, transformando-os em nutrientes utilizáveis pelas plantas. Para traçar boas estratégias agrícolas, pensando na microbiologia do solo, é importante entender os mecanismos de aquisição, transferência, quebra e síntese de compostos (Cardoso e Andreote, 2016).

É importante lembrar que a vida no planeta terra é possível graças a dois processos metabolicamente opostos: a fotossíntese realizada por organismos autotróficos (plantas) e a decomposição feita por heterotróficos (bactérias e fungos) (Moreira e Siqueira, 2006). A fotossíntese é possível graças à ação da enzima rubisco, que absorve energia solar e reduz o CO_2 a compostos utilizados para funções estruturais e metabólicas dos vegetais. O processo oposto à decomposição ocorre a partir dos resíduos vegetais, que são fonte de energia para organismos que não conseguem adquirir carbono (fonte de energia) da atmosfera e da luz, como fungos, protozoários e a maioria das bactérias.

4.2 Conceitos de metabolismo

O metabolismo é o conjunto de reações químicas que ocorrem em um organismo vivo, que são responsáveis pela transformação de nutrientes em energia e pela síntese de moléculas necessárias para o crescimento, reparação e reprodução celular. Os microrganismos são capazes de converter uma forma de energia em outra por meio de reações químicas (Van Elsas *et al.*, 2019). O metabolismo pode ser dividido em catabolismo ou anabolismo e ocorrem de maneira simultânea.

4.2.1 Reações catabólicas ou degradativas

As reações catabólicas são aquelas que quebram moléculas complexas em moléculas mais simples, liberando energia para ser utilizada pelo organismo. Essas reações são fundamentais no metabolismo microbiano, pois fornecem a energia necessária para que os microrganismos possam crescer, se reproduzir e realizar outras funções biológicas. Um exemplo é a respiração celular, que se inicia com a quebra da molécula de glicose para a produção de energia em forma de adenosina-trifosfato, ou simplesmente ATP. Outro exemplo é a fermentação, que tem a finalidade de obtenção de energia, porém ocorre em ambientes anaeróbicos (ausência de oxigênio).

4.2.2 Reações anabólicas ou de biossíntese

As reações anabólicas são aquelas que envolvem a síntese de moléculas complexas a partir de moléculas mais simples, consumindo energia. Essas reações permitem que os microrganismos produzam os compostos necessários para o seu crescimento e reprodução, bem como para a manutenção de funções biológicas importantes. No caso de organismos autotróficos, um bom exemplo é a fotossíntese, que consiste na produção de glicose a partir de luz, água e CO_2.

4.3 Metabolismo de aquisição de energia e nutrientes

O solo é um ambiente altamente diverso, onde ocorrem muitas reações mediadas por microrganismos, estes podem ser classificados pela fonte de energia que utilizam. Os **fototróficos** (como as plantas e cianobactérias), por exemplo, usam a luz como fonte de energia primária; já os **quimiotróficos**, por meio de reações de oxidação e redução de compostos orgânicos e inorgânicos, geram a energia de que precisam (Cardoso e Andreote, 2010).

A diversidade metabólica se estende à fonte de nutrientes que é utilizada. Microrganismos que utilizam fonte de nutrientes inorgânicos como o CO_2 são denominados **autotróficos** ou **litotróficos**; já os microrganismos que usam fontes de carbono orgânico encontrados na matéria orgânica são classificados como **heterotróficos** ou **organotróficos**. A classificação de acordo com a diversidade metabólica é exposta na Figura 9.

Figura 9: Fontes de energia e nutrientes utilizados no metabolismo microbiano

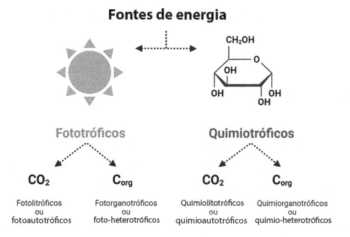

Fonte: adaptado de Cardoso e Andreote (2016).

A grande maioria dos organismos encontrados no solo obtém energia de substâncias (quimiotróficos) orgânicas (quimiorganicotróficos) (Moreira e Siqueira, 2006). Todos os fungos são quimiorganotróficos, utilizando energia química de fonte orgânica. Portanto, os fungos são mais dependentes da matéria orgânica como fonte de energia do que as bactérias. Além dos fungos, algumas bactérias patogênicas e outras benéficas também são quimiorganotróficas.

Os quimiolitotróficos são representados por bactérias importantes para a ciclagem de nitrogênio, como bactérias nitrificantes – aquelas que produzem nitrito e nitrato a partir do amônio (NH_4^+). Já os fotoautotróficos são grupos mais restritos, como, por exemplo, as bactérias e arqueas do ciclo do enxofre ou sulfobactérias encontradas nas águas que chegam a 80 °C e pHs extremamente ácidos no Parque Nacional de Yellowstone (EUA) (Fliermans e Brock, 1972). Outro grupo de microrganismos fotoautotróficos são as cianobactérias, as quais podem ser encontradas em solos (1% de cianobactérias) (Góss-Souza, 2017).

4.4 Aerobiose e anaerobiose no metabolismo microbiano

4.4.1 Potencial redox (Eh)

Antes de falar sobre metabolismo aeróbico e anaeróbico, é importante definir o que é o potencial redox, que determina qual desses metabolismos será predominante no solo. A oxidação-redução potencial (potencial redox ou Eh) é a tendência de os elétrons serem transferidos de agentes reduzidos (doadores de elétrons) para agentes oxidados (aceptores de elétrons). Essa medida é expressa em milivolts ou volts (Tokarz e Urban, 2015).

Em ambientes oxidados onde o Eh é positivo, os compostos perdem elétrons para transferir para compostos eletronegativos (aceptores). Nesse caso, o oxigênio é utilizado como aceptor de elétrons por microrganismos. O solo em condição oxidante (bem drenado e aerado) favorece o metabolismo de aeróbios estritos, que dependem do oxigênio na forma de gás como aceptor de elétrons nas reações de oxidação da cadeia respiratória (Figura 3).

Já os ambientes reduzidos, com o Eh próximo a zero ou negativo, os compostos recebem elétrons. Isso ocorre em locais com privação de oxigênio, que pode ocorrer por alagamento ou compactação. Solos nessas condições favorecem o metabolismo de organismos anaeróbios, que utilizam oxigênio em outras formas, como nitrato (NO_3^-), permanganatos (MnO_2), óxido de ferro (Fe_2O_3), sulfatos (SO_4^{-2}) e dióxido de carbono (CO_2) (Figura 10).

Figura 10: Efeito do potencial redox (Eh) no metabolismo anaeróbico e aeróbico

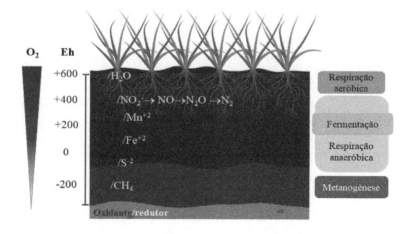

Fonte: adaptado de Cardoso e Andreote (2016) e Zhang e Furman (2021).

Além do metabolismo aeróbico e anaeróbico, há microrganismos que se modulam às condições do ambiente e são considerados aeróbios ou anaeróbicos facultativos. Uma importante observação é que, mesmo em potenciais redox positivos, pode existir respiração anaeróbica – por exemplo, a fermentação ocorre em potencial redox positivo. No solo, as leveduras (fungos) são as principais fermentadoras, mas só produzem etanol quando privadas de oxigênio.

4.4.2 Coluna de Winogradsky

A coluna de Winogradsky é uma ferramenta utilizada para demonstrar o nicho metabólico de ocupação dos microrganismos, com relação ao gradiente de oxigênio e enxofre, em que no topo da coluna há maior presença de oxigênio e menor de enxofre, na qual predominam bactérias aeróbicas e que utilizam oxigênio como aceptor de elétrons. Já na base da coluna, o gradiente é invertido, predominando bactérias que usam enxofre na forma de sulfatos e outros compostos de carbono (Rogan, 2005). Essa é uma forma de demonstrar o nicho de ocupação, conforme a presença de O_2 (Figura 11).

Figura 11: Coluna de Winogradsky, utilizada para demonstrar o nicho de ocupação de bactérias atuantes no ciclo do enxofre

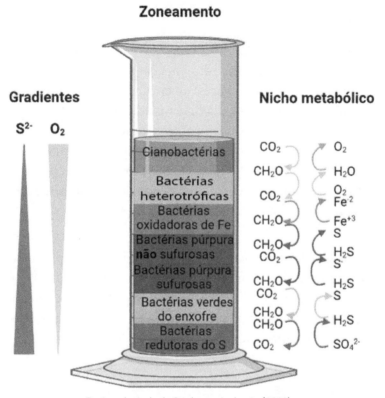

Fonte: adaptado de Cardoso e Andreote (2016).

4.4.3 Respiração e fermentação

A respiração e a fermentação são reações catabólicas utilizadas pelo metabolismo microbiano para obter e conservar energia, sendo a respiração uma via aeróbica (presença de O_2), e a fermentação, anaeróbica (ausência ou restrição de O_2). Tanto a fermentação quanto a respiração iniciam-se pela glicólise, que trata da quebra da molécula de glicose em piruvato, gerando um saldo de 2 ATPs (Madigan *et al.*, 2016).

4.4.3.1 Fermentação

A fermentação utiliza a via glicolítica para fermentar glicose em piruvato e, posteriormente, piruvato em etanol + CO_2 por leveduras (fungos unicelulares) ou em ácido lático por bactérias. Contudo existe uma elevada diversidade metabólica com relação ao substrato fermentado e aos produtos gerados na reação. Para os microrganismos, o mais importante da fermentação é a produção de ATPs, enquanto os produtos da fermentação são resíduos, como no caso do álcool produzido durante a fermentação da uva, no processo de vinificação (Madigan *et al.*, 2016).

Toda fermentação é anaeróbia, mas nem toda respiração anaeróbica é fermentação. Como exemplo, temos o processo de metanogênese, que ocorre em baixo potencial redox (-200 mV). Ainda há os fermentadores secundários que utilizam o produto dos fermentadores primários, como CO_2, H^+ e ácido acético, e produzem metano (Cardoso e Andreote, 2016).

4.4.3.2 Respiração

A via aeróbia ocorre em potencial redox positivo (maior 300 mV), nas bactérias o oxigênio fica ligado na membrana plasmática. Em termos globais, a reação da respiração gera na respiração a formação de 32 ATPs na fosforilação oxidativa, mais 4 ATPs da produção de NADH (NADH=2,5 ATP), totalizando 36 ATPs. Contudo, em um procarioto, chega até 38 ATPs, devido ao fato de os elétrons não passarem pela membrana das mitocôndrias e não perderem 2 ATPs, acumulando maior saldo que os eucariontes (Tortora *et al.*, 2012). Diferente da via anaeróbica, na respiração aeróbica o piruvato gerado na glicólise é oxidado a CO_2, por meio do ciclo do ácido cítrico (CAC), também conhecido por ciclo de Krebs.

Antes de o piruvato obtido pela glicólise entrar no CAC, esse composto perde CO_2, processo denominado de descarboxilação, tornando-se um composto de dois carbonos, chamado de grupo acetil. Esse grupo se liga à coenzima A, formando acetil-CoA e iniciando o ciclo ácido cítrico e uma série de oxidações, as quais resultam em compostos com 6, 5 e 4 carbonos em suas estruturas (Figura 8).

A oxidação de compostos carbonados, durante o CAC, libera CO_2. Para cada molécula de piruvato gerado, uma molécula de CO_2 é liberada. Os elétrons liberados são transferidos para carregadores NAD^+ e transformados em NADH. Esse transporte é chamado de cadeia de transporte de elétrons, na qual ocorre a liberação de energia na forma de ATP ou ADP (Tortora *et al.*, 2012).

A respiração também pode ocorrer em ausência de oxigênio, sendo chamada de respiração anaeróbica, em que, em vez do O_2 é utilizada outra molécula inorgânica como aceptor de elétrons, sendo estas NO_3^-, CO_2, SO_4^{-2}, como no caso da desnitrificação ou a metagênese (Tortora *et al.*, 2012).

Na Figura 12, são expostas as diferenças entre fermentação e respiração aeróbica.

Figura 12: Diferenças entre fermentação e respiração aeróbica

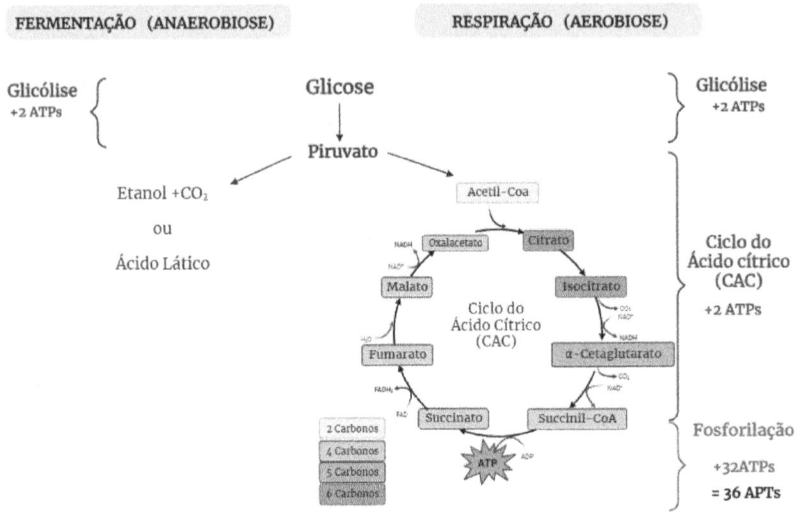

Fonte: elaborado pelos autores no BioRender – versão gratuita (2024).

4.4.3.3 O ciclo do glioxilato

O ciclo do glioxilato pode ser considerado uma variação do ciclo do ácido cítrico (CAC) e ocorre quando o oxalacetado (composto por 6 carbonos) é utilizado como doador de elétrons. Com isso, o CAC passa por uma adequação para metabolizar compostos de apenas dois carbonos, como o glioxilato. O glioxilato é então oxidado até formar oxalacetado, composto por quatro carbonos, que consegue retornar ao CAC (Madigan *et al.*, 2016).

O ciclo do glioxilato mostra a versatilidade e adaptabilidade microbiana. Essa via metabólica foi percebida em estudos com *Escherichia coli*, bactéria capaz de crescer em meio, onde a única fonte de carbono era o acetato (composto por dois carbonos) (Kornberg e Beevers, 1957; Kornberg e Krebs, 1957). As enzimas isocitrato-liase, que quebra o isocitrato em succinato e glioxilato, e malato-sintase, que converte o glioxilato e o acetil-CoA em malato, estão associados ao ciclo do glioxilato e são responsáveis pelo retorno ao CAC (Madigan *et al.*, 2016). Genes associados a essas enzimas foram encontrados em bactérias fotossintetizantes, como as bactérias de enxofre púrpuras e cianobactérias (Zhang e Bryant, 2015).

4.4.4 Fatores que influenciam o metabolismo respiratório microbiano

A vida na Terra se faz por transferência de energia contida nas ligações de compostos químicos, a energia é obtida por meio de reações de oxidação, ou melhor, pela respiração. Para obter energia, uma célula precisa ter um doador de elétrons, no caso da respiração aeróbica é oxigênio (O_2); na respiração anaeróbica, são outros compostos inorgânicos (NO_3^-, SO_4^{-2}). Já na fermentação, os compostos orgânicos servem como aceptores de elétrons (Tortora *et al.*, 2012).

Sendo assim, a respiração supre a necessidade primária, como a fonte de energia (carbono) para formar moléculas ou energia pelos microrganismos. Nesse momento, entram os fatores secundários, que são nutricionais, como a demanda por macronutrientes, sendo estes N, P, K, S, Ca, Mg para plantas, animais, bactérias e fungos. Para os microrganismos, o ferro é importante, e, para alguns microrganismos, devido à alta demanda, pode ser um macronutriente. O ferro é cofator enzimático de várias reações e compõe o citocromo, importante transportador de elétrons e fundamental para o elevado saldo energético produzido (Madigan *et al.*, 2016).

Os micronutrientes são fatores terciários que afetam o metabolismo microbiano. São requeridos em baixíssimas quantidades, mas a ausência pode limitar o metabolismo, como é o caso do ferro, cobalto, selênio, zinco, boro, molibdênio, manganês, cobre, níquel, vanádio e outros. Em termos gerais, esses elementos são cofatores enzimáticos, possibilitando as funções realizadas por enzimas, como a fixação biológica do nitrogênio, a comunicação molecular entre uma comunidade, e a própria respiração (Madigan *et al.*, 2016).

4.5 Diferenças metabólicas entre procariontes e eucariontes

Apesar das diversas funções realizadas por microrganismos do solo, todas as células microbianas são classificadas em dois grupos: procarióticas e eucarióticas, de acordo com estrutura e funcionalidade. O material genético dos procariotos é arranjado em um único cromossomo circular, não envolto por membrana, enquanto os eucariotos apresentam vários cromossomos reunidos em núcleo envolto por membrana (Tortora *et al.*, 2012).

As células procariontes contêm uma única, longa e contínua molécula de DNA em fita dupla, denominada cromossomo bacteriano. Em muitos casos, podem ser encontradas pequenas moléculas de DNA circular, chamadas de plasmídeos (Tortora *et al.*, 2012). Isso possibilitou alguns avanços genéticos voltados para as plantas agrícolas, como a transgenia, que foi possível por meio da bactéria *Agrobacterium tumefaciens*, que possui o plasmídeo Ti, o qual permite a transferência de um gene de interesse para uma célula vegetal (Gordon e Christie, 2014).

Essas diferenças metabólicas refletem na utilização de fungos e bactérias em manejos agrícolas e tecnologias, assim como no controle populacional destes. A simplicidade e facilidade de geração de bactérias favoreceram o desenvolvimento de várias biotecnologias bacterianas, como inoculantes à base de

Bradyrhizobium, *Bacillus*, *Pseudomonas* e *Azospirillum*. Isso se deve à facilidade de multiplicação e geração de réplicas similares, mantendo a funcionalidade necessária.

Já os eucariontes, mais especificamente os fungos, são maiores em tamanho de célula e mais lentos em velocidade de geração, por se dividirem por meiose (Tortora *et al.*, 2012), demandando maior espaço para a multiplicação e menor volume de novas células geradas, o que reduz a escalabilidade em relação as bactérias. Na Figura 13, são expostas as diferenças entre células procarióticas (bactérias) e eucarióticas (fungos).

Figura 13: Diferenças entre células procarióticas e eucarióticas

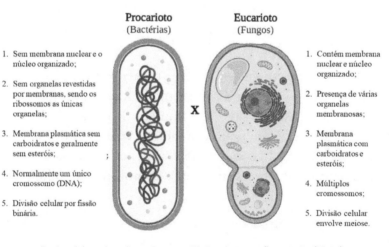

Fonte: elaborado pelos autores no BioRender – versão gratuita (2024).

4.6 Crescimento microbiano no solo

O crescimento microbiano é referente ao aumento do número de células da população bacteriana, conduzida pela divisão, resultando em produção exponencial de células-filhas (Vieira e Fernandes, 2012). Para fungos o crescimento é normalmente determinado pela produção de biomassa como hifas.

Em bactérias, a divisão celular ocorre por fissão binária. Nesse processo, a célula bacteriana aumenta em quantidade, ou seja, uma célula bacteriana gera duas, podendo ultrapassar o tamanho da célula originária (ex.: *Escherichia coli*). Esse processo ocorre ordenado pelas proteínas-chave (proteínas FtsZ), que polimerizam um anel no centro da célula, delimitando as fronteiras da divisão celular, em que outras proteínas são atraídas para fazer o processo de elongação. A formação de um septo de divisão se dá pela invaginação da membrana celular, a qual forma uma espécie de anel até que ocorra a divisão da célula em duas (Figura 14).

A velocidade em minutos desse processo é chamada de tempo de geração (TG), que é representado matematicamente em potência de 2^n, sendo que n é o número de gerações. O resultado dessa potência é o número total de células obtidas. O TG é variável, de acordo com o potencial genético de cada espécie microbiana e por fatores ambientais como a disponibilidade de nutrientes do meio.

O TG pode variar de 20 minutos até 13 horas. Um exemplo interessante é o *Bacillus subtilis,* utilizado em bioinsumos como solubilizador de fosfato (Oliveira-Paiva *et al.*, 2022) e como antagonista de pragas e doenças. Esse microrganismo versátil tem TG de 28 minutos, o que possibilita a rápida multiplicação, facilitando a escalabilidade necessária para a indústria de biotecnologias agrícolas.

Figura 14: Processo de fissão binária que ocorre no crescimento microbiano

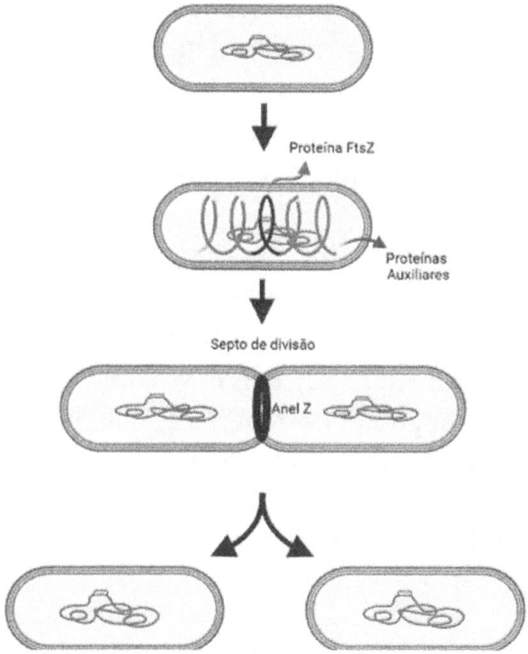

Fonte: elaborado pelos autores no BioRender – versão gratuita (2024).

O crescimento microbiano pode ser dividido em quatro fases:

- **Fase lag**: adaptação ao novo ambiente ou meio de cultura. Nesse primeiro momento, o crescimento microbiano (divisão celular) é baixo. Essa é uma fase de adaptação ao ambiente.

- **Fase log**: a partir do conhecimento e adaptação do ambiente, ocorre a formação de novas células. Em condições ideais (temperatura e nutrientes), ocorre crescimento logarítmico, gerando milhões ou bilhões de células até que o ambiente limite.

- **Fase estacionária:** com a elevada população, ocorrerá déficit de hábitat e escassez de alimento, o que leva ao equilíbrio entre indivíduos que nascem e os que morrem. Nesse momento, o crescimento estaciona. Nessa fase, pode haver liberação de compostos que serão tóxicos aos microrganismos, contribuindo para a fase seguinte.
- **Fase de declínio:** a redução de espaço e alimento leva ao declínio da população de indivíduos (Figura 15).

As fases de crescimento são modelos utilizados para fungos e bactérias, porém é importante considerar que estes indivíduos possuem estruturas diferentes. As bactérias são unicelulares, e a divisão de um indivíduo gera dois novos indivíduos. De maneira diferente, nos fungos, por serem pluricelulares (exceto leveduras), a geração de novas células não necessariamente resultará na geração de um novo indivíduo, e ainda, por vezes, somente no aumento da estrutura fúngica.

Figura 15: Fases do crescimento microbiano

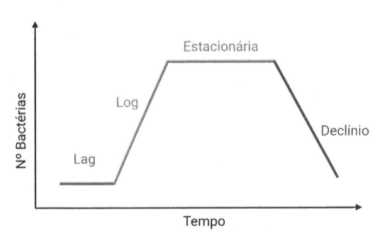

Fonte: elaborado pelos autores no BioRender – versão gratuita (2024).

4.7 Metabolismo microbiano na agricultura

O metabolismo microbiano tem relação direta com a produtividade agrícola e melhoria do manejo do solo, como fertilização, sistema de plantio, rotação de culturas, entre outros. Um bom exemplo são as condições necessárias para que ocorra a desnitrificação, que é uma forma de perder N do solo (NH_4^+ e NO_3^-) para a atmosfera (N_2O e N_2). A desnitrificação é uma forma de respiração anaeróbica e acontece em privação de oxigênio. Sendo assim, em solos drenados e aerados, o N será menos perdido. Esse tipo de informação pode ser primordial para o engenheiro-grônomo elaborar estratégias para reduzir as perdas de N.

Referências

ALVES, V. M. C.; RIBEIRO, V. P.; VASCO JÚNIOR, R. *Recomendação agronômica de cepas de Bacillus subtilis (CNPMS B2084) e Bacillus megaterium (CNPMS B119) na cultura do milho.* Sete Lagoas: Embrapa Milho e Sorgo, 2020. 18 p. (Embrapa Milho e Sorgo. Circular Técnica, 260).

CARDOSO, E. J. B. N.; ANDREOTE, F. D. *Microbiologia do Solo.* 2. ed. Piracicaba: ESALQ, 2016.

FLIERMANS, Carl B.; BROCK, Thomas D. *Ecology of sulfur-oxidizing bacteria in hot acid soils.* Journal of Bacteriology, v. 111, n. 2, p. 343-350, 1972.

GORDON, J. E.; CHRISTIE, P. J. *The Agrobacterium Ti Plasmids.* Microbiology spectrum, 2(6), 2014. 10.1128/microbiolspec. PLAS-0010-2013.

GOSS-SOUZA, D.; MENDES, L. W.; BORGES, C. D.; BARETTA, D.; TSAI, S. M.; RODRIGUES, J. L. *Soil microbial community dynamics and assembly under long-term land use change.* FEMS microbiology ecology, 93(10), fix109, 2017.KORNBERG, H.L.; BEEVERS, H. *The glyoxylate cycleas a stage in the conversion of fat to carbohydrate in castorbeans.* Biochim Biophys Acta, 26:531–537, 1957.

KORNBERG, H.L.; KREBS, H.A. *Synthesis of cellconstituents from C2-units by a modified tricarboxylic acidcycle*. Nature, 179:988–991, 1957.

MADIGAN, M.T.; MARTINKO, J. M.; BENDER, K. S.; *et al. Microbiologia de Brock*. Grupo A, 2016. E-book. ISBN 9788582712986. Disponível em: https://app.minhabiblioteca.com.br/#/books/978858 2712 986/. Acesso em: 19 set. 2023.

MOREIRA, F. M. S.; SIQUEIRA, J. O. *Microbiologia e Bioquímica do Solo*. Lavras: UFLA, 2006.

OLIVEIRA-PAIVA, C. A.; ALVES, V. M. C.; GOMES, E. A.; SOUSA, S. M. de; LANA, U. G. de P.; MARRIEL, I. E. Microrganismos solubilizadores de fósforo e potássio na cultura da soja. In: MEYER, M.; BUENO, A. de F.; MAZARO, S. M.; SILVA, J. C. (ed.). *Bioinsumos da cultura da soja*. Brasília, DF: Embrapa, 2022. p. 163-179

ROGAN, B.; LEMKE, M.; LEVANDOWSKY, M.; GORRELL, T. *Exploring the Sulfur Nutrient Cycle Using the Winogradsky Column*. The American Biology Teacher, 67(6):348-356, 2005.

TOKARZ, E.; URBAN, D. *Soil redox potential and its impact on microorganisms and plants of wetlands*. Journal of Ecological Engineering, 16 (3), p.20–30, 2015. https://doi.org/10.12911/22998993/2801

TORTORA, G. J.; FUNKE, B. R; CASE, C. L. *Microbiologia*. 10 Porto Alegre: ArtMed, 2012, 934 p.

VIEIRA, D. A.D. P.; QUEIROZ, N. C. D.A. *Microbiologia*. Universidade Federal de Santa Maria, 2012.

ZHANG, S.; BRYANT, D. A. *Biochemical validation of the glyoxylate cycle in the cyanobacterium Chlorogloeopsis fritschii strain PCC 9212*. Journal of Biological Chemistry, *290*(22), 14019-14030, 2015.

ZHANG, Z.; FURMAN, A. *Soil redox dynamics under dynamic hydrologic regimes - A review*. Science of the Total Environment. 763, 2021. https://doi.org/10.1016/j.scitotenv.2020.143026

5. RIZOSFERA

Daniela Tomazelli, Douglas Alexandre e Dennis Góss-Souza

5.1 Introdução

As raízes são o principal órgão responsável pela nutrição mineral das plantas. Por essas estruturas, as plantas absorvem nutrientes e água. Além disso, as raízes são órgãos heterotróficos, ou seja, dependem da energia química para sua estrutura e funcionalidade, diferentemente da parte aérea, que obtém energia de forma autotrófica (Moreira e Siqueira, 2006). No solo, as raízes possibilitam a comunicação e troca de favores entre as plantas e microrganismos. As plantas translocam o carbono produzido pela fotossíntese para as raízes, que é liberado. Atualmente, entende-se que esses compostos carbonados atraem grupos específicos de microrganismos, os quais desempenham funções de que as plantas necessitam, como antagonismo a patógenos (Mendes *et al.*, 2014), fixação de nitrogênio (Döbereiner, 1996; Hungria e Vargas, 2000), solubilização de fosfato, entre outras demandas.

A rizosfera é a porção de solo influenciada pelas raízes e o local onde ocorrem trocas entre plantas e microrganismos, que são de extrema importância para a produtividade vegetal e fitossanidade, como será abordado no decorrer do presente capítulo.

5.2 Definição e processos rizosféricos

A rizosfera pode ser definida como a área de solo que é influenciada pela presença de raízes que vai de 1 a 5 mm de distância da superfície radicular (Hiltner, 1904; Hartmann, Rothballer e Schmid, 2008). A rizosfera é dividida em: endorrizosfera (a parte interna que abrange as células do córtex radicular), rizoplano (a superfície limítrofe entre a superfície da raiz e o solo) e ectorrizosfera (a área externa das raízes, onde ocorre a liberação de exsudatos) (Clark, 1949; Curl e Truelove, 2012) (Figura 16).

A concentração de oxigênio (O_2) é menor no solo rizosférico do que no solo adjacente, enquanto para o gás carbônico (CO_2) essa relação é inversa. Isso acontece graças à respiração das raízes vegetais e microrganismos que consomem O_2 e liberam CO_2 (Moreira e Siqueira, 2006), como pode ser observado na Figura 16.

A umidade na rizosfera é influenciada pela fisiologia da planta, devido à evapotranspiração das folhas, que tem influência de fatores climáticos, como calor e vento (Lynch *et al.*, 2021). Contudo, em decorrência da liberação de exsudatos, a umidade é maior, próxima da rizosfera do que no solo adjacente.

Figura 16: Zonas e características da rizosfera

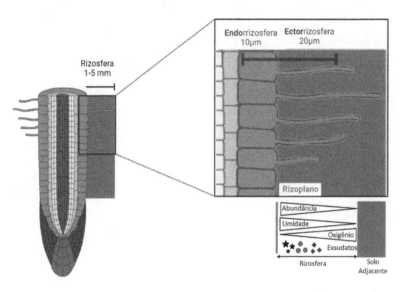

Fonte: elaborado pelos autores no BioRender – versão gratuita (2024).

5.3 Compostos depositados na rizosfera

Do carbono fotoassimilado pelas plantas, estima-se que cerca de 60% sejam transportados para as raízes; desses, cerca de 20-40% são liberados na forma de CO_2 pela respiração, e 50% são utilizados para o crescimento radicular ou liberado no solo (Van Elsas *et al.*, 2019). Os compostos depositados na rizosfera são classificados de acordo com o processo fisiológico e com características químicas das substâncias (Moreira e Siqueira, 2006), apresentados na Tabela 3.

Tabela 3: Materiais orgânicos depositados na rizosfera

Tipo	Características
Exsudatos	São compostos de elevada diversidade química, baixo peso molecular, como ácidos orgânicos e açúcares. Geralmente solúveis em água, extravasam das células para o solo sem gasto energético. Contribuem no recrutamento de microrganismos benéficos.
Secreção	São compostos resultantes de processos metabólicos. São liberados juntos com os exsudatos e atravessam a membrana com gasto energético.
Mucilagens	São polissacarídeos hidratados de alto peso molecular, secretados pelo complexo de Golgi das pontas das raízes, ou pela degradação bacteriana de paredes celulares mortas. Têm a função de lubrificar as raízes, aumentando seu crescimento e auxiliando o avanço no solo.
Mucigel	Material gelatinoso resultante da mistura de diversas substâncias, que fica na superfície das raízes, os quais podem ser mucilagens naturais ou modificadas, produzidas por microrganismos. Ao longo do crescimento radicular, aumentam a agregação do solo.
Lisados	São compostos resultantes da autólise de células vegetais senescentes.

5.4 Ecologia da rizosfera

Os microrganismos do solo precisam de carbono para sua nutrição, enquanto as plantas secretam diversos compostos carbonados, que atraem microrganismos e elevam a densidade microbiana na rizosfera. Sendo assim, na rizosfera é encontrada maior abundância e menor diversidade de microrganismos, devido à elevada competição por compostos, espaço e oxigênio (Mendes *et al.*, 2014; Góss-Souza *et al.*, 2022). Na rizosfera é encontrada a maior diversidade de microrganismos copiotróficos (organismos adaptados a altas concentrações de substratos), em grande maioria relacionados ao ciclo do carbono e de rápido crescimento (Ling *et al.*, 2022).

Atualmente é compreendido que o sucesso do melhoramento genético se deve à alteração no recrutamento de microrganismos feito na rizosfera das plantas. Por exemplo, observou-se que a composição rizosférica de trigo selvagem é diferente de cultivares comerciais que foram selecionadas geneticamente

(Rossman *et al.*, 2020). A triagem genética selecionou plantas que são eficientes em atrair microrganismos antagonistas a patógenos, como o *Fusarium* (Mendes *et al.*, 2018).

A seleção de rizobacterias promotoras de crescimento vegetal (RPCV) aumenta a eficiência do desenvolvimento vegetal (Lugtenberg e Kamilova, 2009). A ação desses microrganismos na rizosfera ocorre por meio do aumento de nutrientes disponíveis (Kaluya, 2019), ou pela degradação de compostos tóxicos às plantas (Sun *et al*, 2018), ou por meio da síntese de hormônios vegetais e pela atenuação de estresses, como hídrico e salino.

5.5 Rizosfera na agricultura

As interações planta-microrganismos na rizosfera são diversas, espacial e temporalmente dinâmicas, influenciadas pela planta e pelo ambiente do solo e são críticas para a saúde das plantas e produtividade das culturas (Gupta *et al.*, 2021). Essas relações que ocorrem na rizosfera têm grande influência na produtividade e fitossanidade agrícola. O avanço de biotecnologias agrícolas, como os inoculantes para fixação biológica do nitrogênio ou para a solubilização de fosfato, tem relação direta com a ecologia da rizosfera, e da seleção de microrganismos por plantas. Outro grande avanço que há pouco tempo foi associado à rizosfera é o melhoramento genético, no qual hoje se sabe que a seleção de plantas resistentes a doenças de raízes está sendo realizada por meio de genótipos eficazes em recrutar microrganismos antagônicos a patógenos.

5.5.1 Benefícios dos organismos rizosféricos

A rizosfera tem a capacidade de atrair microrganismos capazes de promover o crescimento de plantas – esses microrganismos favorecem o acesso da planta à água e nutrientes. Podendo ocorrer por meio da endosimbiose, que é o caso dos fungos micorrízicos arbusculares (FMAs), que expandem a área de acesso das raízes no solo, absorvendo maior volume de água e nutrientes, principalmente fósforo, que, nos solos brasileiros, fica pouco disponível. Plantas em simbiose com fungos micorrízicos têm menor necessidade de adubação fosfatada (Cantó *et al.*, 2020; Tomazelli *et al.*, 2022). Os FMAs são aliados das plantas em situações de limitação hídrica. Nesses casos, a presença de hifas que conseguem acessar maior volume de água, aumentando a condutividade hidráulica, o que é primordial para suportar períodos de seca (Fernández-Lizarazo e Moreno-Fonseca, 2016).

De maneira similar, a fixação biológica do nitrogênio (FBN), que é feita por bactérias simbióticas, como *Rhizobium e Bradyrhizobium*, as quais são capazes de reduzir N_2 abundante na atmosfera, porém não disponíveis para plantas em NH_4^+, cátion absorvido pelas plantas e que pode ser utilizado em funções vitais do desenvolvimento vegetal. A FBN foi muito importante para o avanço da cultura da soja no Brasil, possibilitando a redução de custos com fertilizantes nitrogenados (Zilli *et al.*, 2021).

Algumas bactérias, como *Pseudomonas* e *Bacillus*, e fungos como *Penicillium* e *Aspergillus,* são capazes de liberar ácidos orgânicos que solubilizam fosfatos adsorvidos na matriz do solo, o que é muito benéfico para a nutrição vegetal, já que esse é um macronutriente limitante do desenvolvimento vegetal (Benaissa, 2019). Outro efeito benéfico de bactérias rizosféricas é a produção de fitormônios, como giberelinas, auxinas, citoquininas e ácido indolacético (AIA). Esses compostos, cada um com sua particularidade, podem alterar a fisiologia e morfologia das plantas, acelerando o desenvolvimento de raízes, antecipando ou postergando a floração (Lu *et al.*, 2018; Patel *et al.*, 2015).

A colonização da rizosfera por *Pseudomonas, Bacillus* e *Agrobacterium* aumenta a tolerância das plantas à seca, graças à capacidade dessas bactérias em formar biofilmes (polímeros extracelulares contendo proteínas, polissacáridos, lipídeos e DNA extracelular) que mantêm a água retida por mais tempo em torno das raízes (Haque *et al.*, 2020; Ansari *et al.*, 2021). Outros estresses abióticos, como excesso de sais na solução do solo, deficiência nutricional, toxicidade por elementos traços e temperaturas extremas, são amenizados por microrganismos rizosféricos (Khan *et al.*, 2019).

5.5.2   Impactos da agricultura na rizosfera

A rizosfera é uma região complexa e dinâmica do solo, ela é rica em microrganismos como bactérias, fungos e arqueas. Esses microrganismos interagem com as raízes das plantas e desempenham um papel fundamental no funcionamento e pro-dutividade dos ecossistemas agrícolas, mediando a prestação de diversos serviços ecossistêmicos, como a ciclagem de nutrientes, a defesa contra patógenos e a melhoria da qualidade do solo (Hakin *et al.*, 2021; Schmidt *et al.*, 2019). As práticas agrícolas, como a calagem, o manejo do solo e a aplicação de fertilizantes e pesticidas, podem ter um impacto significativo na rizosfera (Lori *et al.*, 2017; Hartman *et al.*, 2018).

A calagem, por exemplo, altera o pH do solo, o que pode afetar a diversidade e a atividade microbiana; pH alcalino favo-rece o crescimento de alguns microrganismos benéficos, como as bactérias fixadoras de nitrogênio e as micorrizas. O mane-jo do solo, como a rotação de culturas, também pode afetar a composição da microbiota da rizosfera. A aplicação de fertili-zantes pode aumentar a disponibilidade de nutrientes para as plantas, mas também pode alterar o pH do solo, influenciando na composição da microbiota e favorecendo o crescimento de microrganismos oportunistas. A utilização de fertilizantes orgânicos pode favorecer microrganismos, pois fornecem carbono e outros compostos orgânicos utilizados pelos microrganismos. A aplicação de pesticidas pode matar ou inibir o crescimento de microrganismos benéficos, afetando a saúde das plantas e a produtividade das culturas.

Portanto, é importante entender o impacto das práticas agrícolas na rizosfera, para o desenvolvimento de sistemas agrícolas mais sustentáveis.

5.6 Perspectivas futuras para a pesquisa e as aplicações da rizosfera

A rizosfera é um sistema complexo que ainda não é totalmente compreendido, mas com um grande potencial para melhorar a agricultura. A engenharia de rizosfera pode ser uma aplicação futura, ao moldar a expressão de genes para que as plantas liberem na rizosfera determinados compostos que atraiam microrganismos benéficos, podendo se tornar realidade por meio das técnicas, cada vez mais avançadas, de análise genética (Zhang *et al.*, 2015). Moldar o exército microbiano da rizosfera pode ser um passo importante para reduzir a necessidade de controle químico, que, por vezes, elimina os bons companheiros das plantas juntos aos patógenos, tornando o sistema dependente de controle externo, enquanto fortalecer a rizosfera pode ser a chave para tornar a planta mais resistente a patógenos e estresses abióticos.

Além disso, a rizosfera pode atuar como uma fonte de material genético para a bioprospecção de organismos benéficos com potencial para serem utilizados como bioinsumos, como os microrganismos promotores de crescimento, espécies de fungos micorrízicos e organismos para atuarem como biopesticidas.

Referências

ANSARI, F. A.; JABEEN, M.; AHMAD, I. *Pseudomonas azotoformans FAP5, a novel biofilm-forming PGPR strain, alleviates drought stress in wheat plant*. International Journal of Environmental Science and Technology, 18, 3855-3870, 2021.

BENAISSA, A. *Plant growth promoting rhizobacteria a review*. Algerian Journal of Environmental Science and Technology, 5(1), 2019.

CANTÓ, C.F.; SIMONIN, M.; KING, E.; MOULIN, L.; BENNETT, M. J.; CASTRILLO, G.; LAPLAZE, L. *An extended root phenotype*: the rhizosphere, its formation and impacts on plant fitness. The Plant Journal, 103(3), 951-964, 2020.

CARDOSO, E. J. B. N.; ANDREOTE, F. D. *Microbiologia do Solo*. 2. ed. Piracicaba: ESALQ, 2016.

CLARK, F.E. Soil microorganisms and plant roots. In: *Advances in Agronomy*, Vol. 1, A.G. Norman (ed.). New York: Academic Press, p. 241–288, 1949.

CURL, E.A.; TRUELOVE, B. *The rhizosphere*. Springer Science & Business Media, 2012.

DÖBEREINER, Johanna. *Azotobacter paspali sp. n., uma bactéria fixadora de nitrogênio na rizosfera de Paspalum*. Pesquisa Agropecuária Brasileira, v. 1, n. 1, p. 357-365, 1966.

FERNÁNDEZ-LIZARAZO, J. C.; MORENO-FONSECA, L. P. *Mechanisms for tolerance to water-deficit stress in plants inoculated with arbuscular mycorrhizal fungi*. A review. Agronomía Colombiana, 34(2), 179-189, 2016.

GOSS-SOUZA, D.; MENDES, L. W.; RODRIGUES, J. L. M.; TSAI, S. M. *Ecological Processes Shaping Bulk Soil and Rhizosphere Microbiome Assembly in a Long-Term Amazon Forest-to-Agriculture Conversion*. Microbial Ecology, v. 79, n. 1, p. 110–122, 2020.

GUPTA, V.V.S.R.; SHARMA, A.K. *Rhizosphere Biology*: Interactions Between Microbes and Plants. Singapore: Springer Nature Singapore Pte Ltd., 2021.

HAQUE, M. M.; MOSHARAF, M. K.; KHATUN, M.; HAQUE, M. A.; BISWAS, M. S., ISLAM, M. S.; SIDDIQUEE, M. A. *Biofilm producing rhizobacteria with multiple plant growth-promoting traits promote growth of tomato under water-deficit stress*. Frontiers in Microbiology, 11, 542053, 2020.

HARTMANN, A.; ROTHBALLER, M.; SCHMID, M. *Lorenz Hiltner, a pioneer in rhizosphere microbial ecology and soil bacteriology research.* Plant Soil 312, p.7–14, 2008.

HILTNER, L. Über neuere Erfahrungen und Probleme auf dem Gebiete der Bodenbakteriologie unter besonderer Berücksichtigung der Gründüngung und Brache. Arb DLG, v.98, p.59–78, 1904.

HUNGRIA, M.; VARGAS, M.A.T. *Environmental factors affecting N2 fixation in grain legumes in the tropics, with an emphasis on Brazil.* Field crops research, v. 65, n. 2-3, p. 151-164, 2000.

KALAYU, G. *Phosphate solubilizing microorganisms:* promising approach as biofertilizers. International Journal of Agronomy, p. 1-7, 2019.

KHAN, A.; SAYYED, R. Z.; SEIFI, S. *Rhizobacteria:* legendary soil guards in abiotic stress management. Plant Growth Promoting Rhizobacteria for Sustainable Stress Management: Volume 1: Rhizobacteria in Abiotic Stress Management, 327-343, 2019.

LING, N.; WANG, T.; KUZYAKOV, Y. Rhizosphere bacteriome structure and functions. Nature Communications, 13: 836, 2022.

LU, T.; KE, M.; LAVOIE, M.; JIN, Y.; FAN, X.; ZHANG, Z.; ZHU, Y. G. *Rhizosphere microorganisms can influence the timing of plant flowering.* Microbiome, 6(1), 1-12, 2018.

LUGTENBERG, B.; KAMILOVA, F. *Plant-growth-promoting rhizobacteria.* Annual review of microbiology, 63, p.541-556, 2009.

LYNCH, J. M.; BRIMECOMBE, M. J.; DE LEIJ, F.A.A.M. *Rhizosphere.* e LS, 2001.

MENDES, L. W.; KURAMAE, E. E.; NAVARRETE, A. A.; VAN VEEN, J. A.; TSAI, S. M. *Taxonomical and functional microbial community selection in soybean rhizosphere.* The ISME journal, 8(8), p.1577-1587, 2014.

MENDES, L. W.; RAAIJMAKERS, J. M.; DE HOLLANDER, M.; MENDES, R.; TSAI, S. M. *Influence of resistance breeding in common bean on rhizosphere microbiome composition and function.* The ISME journal, 12(1), p.212-224, 2018.

MOREIRA, F. M. S.; SIQUEIRA, J. O. *Microbiologia e Bioquímica do Solo.* Lavras: UFLA, 2006.

PATEL, K.; GOSWAMI, D.; DHANDHUKIA, P.; THAKKER, J. *Techniques to study microbial phytohormones.* Bacterial metabolites in sustainable agroecosystem, 1-27, 2015.

ROSSMANN, M.; PÉREZ-JARAMILLO, R.; KAVAMURA, V.N.; CHIARAMONTE, J.B.; DUMACK, K.; FIORE-DONNO, A.M.; MENDES, L.W.; FERREIRA, M.M.C.; BONKOWSKI, M.; RAAIJMAKERS, J.M.; MAUCHLINE, T.H.; MENDES, R. *Multitrophic interactions in the rhizosphere microbiome of wheat*: From bacteria and fungi to protists. FEMS Microbiology Ecology, v. 96, n. 4, 2020.

SCHMIDT, J. E.; VANNETTE, R. L.; IGWE, A.; BLUNDELL, R.; CASTEEL, C. L.; GAUDIN, A.C.M. *Effects of agricultural management on rhizosphere microbial structure and function in processing tomato.* Applied and Environmental Microbiology, 2019.

SUN, L.; ZHU, G.; LIAO, X. *Enhanced arsenic uptake and polycyclic aromatic hydrocarbon (PAH)-dissipation using Pteris vittata L. and a PAH-degrading bacterium.* The Science of the total environment, 624, 683–690, 2018.

TOMAZELLI, D.; COSTA, M. D.; PRIMIERI, S.; RECH, T. D.; SANTOS, J. C. P.; KLAUBERG-FILHO, O. *Inoculation of arbuscular mycorrhizal fungi improves growth and photosynthesis of Ilex paraguariensis (St. hil) seedlings.* Brazilian Archives of Biology and Technology, 65, e22210333, 2022.

ZHANG, Y., RUYTER-SPIRA, C., & BOUWMEESTER, H. J. *Engineering the plant rhizosphere.* Current opinion in biotechnology, 32, 136-142, 2015.

ZILLI, J. É.; PACHECO, R. S.; GIANLUPPI, V.; SMIDERLE, O. J.; URQUIAGA, S.; HUNGRIA, M. (2021). *Biological N2 fixation and yield performance of soybean inoculated with Bradyrhizobium. Nutrient Cycling in Agroecosystems*, 119(3), 323-336, 2021.

6. MICORRIZAS

Aline de Liz Ronsani Malfatti, Daniela Tomazelli,
Osmar Klauberg-Filho

6.1 Introdução

Micorrizas são associações mutualísticas entre fungos do solo e plantas. Alguns relatos de estruturas fossilizadas apontam que as plantas coevoluíram com os fungos micorrízicos, em uma relação que dura mais de 400 milhões de anos (Genre *et al.*, 2020). Mais de 80% das plantas terrestres estabelecem simbiose com fungos micorrízicos (Brundrett e Tedersoo, 2020).

No estabelecimento da simbiose, ocorre a sinalização química entre a planta (raíz) e os fungos (fase pré-simbiótica); posteriormente os fungos colonizam o córtex radicular, formando estruturas de troca com a planta(arbusculos, rede de Hartig, pelotns, etc) e emitem hifas extrarradiculares que exploram o sol (fase simbiótica) (Lambais e Ramos, 2010). Essa relação traz benefícios mútuos, em que o fungo amplia o sistema radicular das plantas aumentando o acesso à água e nutrientes, com ênfase para nutrientes pouco disponíveis, como fósforo (adsorvido em óxidos de ferro e alumínio). Em contrapartida, a planta disponibiliza para o fungo elaborados provenientes da fotossíntese, além de proteção física no interior do córtex radicular (Moreira e Siqueira, 2006).

Os fungos micorrízicos são fundamentais para a manutenção dos serviços ecossistêmicos, principalmente na provisão de alimentos – mas, não somente, também são importantes para a mitigação de carbono, estruturação do solo e proteção das plantas contra alguns patógenos (Antunes *et al.*, 2012). Os fungos micorrízicos estão distribuídos pelo globo terrestre e são moldados por fatores ambientais como clima e tipo de solo (Stürmer *et al.*, 2018), e pelo manejo do solo, sistema de plantio e culturas escolhidas, entre outros (Ceola *et al.*, 2021).

6.2 Tipos de micorrizas

São 7 tipos de micorrizas existentes, algumas com elevada importância agrícola, outras com maior importância ecossistêmica ou outras com interações muito específicas, que serão abordados nos subtópicos abaixo e resumidas na Figura 17.

Figura 17: Tipos de micorrizas e principais características

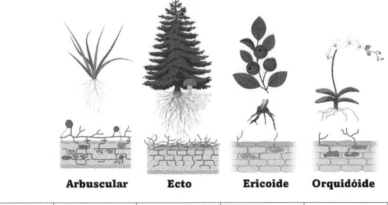

	Arbuscular	Ecto	Ericoide	Orquidóide
Septação	Não	Sim	Sim	Sim
Colonização	Intra: Ar, esp, Ves, hi	Exter: MF, RH	Intra: hi	Intra: hi
Distribuição	Cosmopolita	Temperado	Temperado Heathland	Temp/Tropical
Fungo	Glomeromicetos	Basi/Ascomiceto	Basi/Ascomiceto	Basidiomiceto

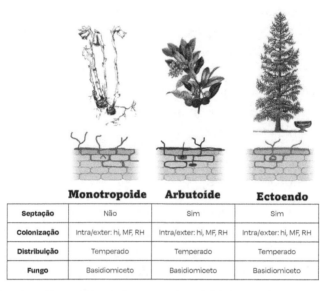

	Monotropoide	**Arbutoide**	**Ectoendo**
Septação	Não	Sim	Sim
Colonização	Intra/exter: hi, MF, RH	Intra/exter: hi, MF, RH	Intra/exter: hi, MF, RH
Distribuição	Temperado	Temperado	Temperado
Fungo	Basidiomiceto	Basidiomiceto	Basidiomiceto

Intra = Intracelular; Exter = Colonização externa; Ar = Arbúsculo; esp = esporo; Ves = Vesícula; hi = hifas intracelulares; MF = Manto fúngico; RH = Rede de Harting.
Heathland: Ecossistema do hemisfério norte, com vegetação rasteira e arbustiva, verões secos e baixa fertilidade de solo.
Fonte: elaborado pelos autores no BioRender – versão gratuita (2024).

6.2.1 Arbuscular

Os fungos micorrízicos arbusculares (FMAs) pertencem ao filo *Glomeromycota* (Redecker *et al.*, 2013). Estes fungos formam o grupo de micorrizas mais abrangente; atualmente estão divididos em 3 classes, 5 ordens, 16 famílias, 44 gêneros e 317 espécies (Tedersoo *et al.*, 2018; Goto, 2018). Aproximadamente 71% das plantas terrestres estabelecem simbiose micorrízica do tipo arbuscular (Brundrett e Tedersoo, 2020). As micorrizas arbusculares são fungos endomicorrízicos assepados, que colonizam o interior das células do córtex, formando estruturas de troca entre a planta e o fungo denominadas "arbúsculo". Algumas espécies formam vesículas, que são estruturas de reserva de lipídeo, e todas as espécies formam esporos, estruturas reprodutivas que podem ficar dentro das células ou na parte externa das hifas em contato com o solo (Moreira e Siquera, 2006). Grande atenção tem sido dada a esses fungos, devido ao seu papel na aquisição de nutrientes para as plantas, principalmente ao fósforo (P), que é um dos nutrientes mais limitantes para a produtividade agrícola (Liu *et al.*, 2022).

6.2.2 Ectomicorriza

Os fungos ectomicorrizos ocorrem em cerca de 2% de todas as plantas terrestres que estabelecem simbiose micorrízica (Brundrett e Tedersoo, 2020). Cerca de 90 % das espécies florestais de clima temperado são colonizadas por fungos ectomicorrizos, sendo em grande maioria *Pinus* e eucalipto (Wilcox, 1990; Oliveira *et al.*, 2008). Apesar de ocorrem em um grupo mais restrito de plantas, estas são espécies perenes, como coníferas, que permanecem por dezenas de anos no ecossistema, contribuindo para a estocagem de carbono no solo e fornecendo hábitat para a fauna. Os fungos ectomicorrízicos pertencem ao filo basidiomicetos (Moreira e Siqueira, 2006). As ectomicorrizas são caracterizadas pela presença do manto fúngico, que cobre a parte externa da raiz; junto a estes, as hifas extrarradiculares, que absorvem água e nutrientes do solo; e entre as células do córtex, as hifas intrarradiculares se diferencia para forma a Rede de Hartig, estrutura de troca entre os fungos e as plantas (Kasuya *et al.*, 2010). Estes fungos produzem estruturas reprodutivas, corpos de frutificação, que ficam na superfície do solo ou enterrados, que armazenam os esporos até a maturidade e germinação.

6.2.3 Ectoendomicorriza

Esse tipo de simbiose ocorre principalmente em espécies arbóreas como o *Pinus*, e podem ser encontradas estruturas de ectomicorriza, como manto fúngico, rede de Hartig, e estruturas de endomicorrizas, como hifas no interior nas células do córtex (Trevor *et al.*, 2001). Os fungos que estabelecem esse tipo de simbiose são basidiomicetos ou ascomicetos (Alizadeh, 2011). Os gêneros de fungos *Wilcoxina*, *Sphaerosporella*, *Phialophora* e *Chloridium* são os principais envolvidos na simbiose, sendo o principal hospedeiro espécies florestais como o *Pinus* e *Larix*. O fungo *Wilcoxina* forma um apotécio (corpo de frutificação dos ascomicetos), onde permanecem os esporos, até serem dispersos e germinarem (Trevor *et al.*, 2001).

6.2.4 Arbutoíde

As micorrizas arbutoídes são a simbiose que ocorrem nos gêneros vegetais *Arbutus*, *Arctostaphylos* e *Pyrola* pertencentes à ordem *Ericales*. Nesse tipo de simbiose, ocorrem as ectendomicorroizas e ectomicorrizas (Gomes *et al.*, 2016). A maioria dos fungos simbiontes são basidiomicetos como *Hebeloma crustuliniforme*, *Laccaria laccata* e *Rhizopogon vinicolor*, entre outros (Moreira e Siqueira, 2006). A planta regula a simbiose, conforme as condições ambientais. De acordo com Navarro Garcia *et al.* (2011) *Pisolithus tinctorius* melhora a resistência de *Arbutus unedo* ao estresse hídrico, aumentando a eficiência de trocas gasosas.

6.2.5 Monotropóide

Esse tipo de simbiose é bem específico e ocorre entre a planta *Monotropa uniflora* com algumas espécies de fungos dos gêneros

Lactarius e *Russula* (Moreira e Siqueira, 2006). Tem características típicas de ectomicorrizas, incluindo um manto fúngico que cobre as raízes e redes de Hartig entre as células do córtex das raízes. Também colonizam o interior das células do córtex (Lee e Eom, 2014). As monotropaceaes são aclorofiladas e são parcial ou completamente micotróficas, obtendo carbono por meio de simbiose micorrízica (Liu *et al.*, 2020).

6.2.6   Ericóide

Esse tipo de associação é bem específico e ocorre em alguns gêneros de plantas da família *Ericaceae*. Consiste em 1,4% das simbioses entre plantas e fungos micorrízicos (Brundrett e Tedersoo, 2020). Os fungos são ascomicetos septados, que penetram nas células do córtex e invaginam a membrana plástica, podendo ocupar totalmente o conteúdo celular (Moreira e Siqueira, 2006). As micorrizas ericoides são muito importantes para os hospedeiros, que praticamente não possuem pelos radiculares e dependem da simbiose para acessar água e nutrientes do solo. O mirtilo (*Vaccinium corymbosum* L.) é um ericácea de interesse agrícola, que depende de fungos micorrízicos ericoides para sua nutrição. Ważny *et al.* (2022) verificaram que os *Oidiodendron maius* e *Phialocephala fortinii* são os principais fungos associados.

6.2.7   Orquidoide

A família *Orchidaceae* é reconhecida como a maior e mais diversa família do reino vegetal. Estima-se que podem ser encontradas mais de 30 mil espécies (Pereira e Kasuya, 2010). As micorrizas orquidoides representam 10% da simbiose micorrízica (Brundrett e Tedersoo, 2020). A importância dos fungos micorrízicos começa na germinação das sementes – as orquídeas possuem sementes muito pequenas e com pouca reserva de amido. Com isso, essas plantas têm elevada dependência micorrízica e precisam dos fungos para suprimento de energia (Tsulsiyah *et al.*, 2021). Na simbiose, o fungo forma uma estrutura adensada no interior das células, denominada novelo ou peloton, que é limitado por uma membrana formada pelo hospedeiro (membrana fúngica), sendo assim classificadas como endomicorrizas (Pereira e Kasuya, 2010). Os fungos simbiontes são do gênero *Rhizoctonia,* espécie *R. repens* (Moreira e Siqueira, 2006).

6.3 Ecologia e fisiologia FMAs

A história dos FMAs com as plantas terrestres é antiga, datada há 450 milhões de anos. Essas evidências foram verificadas por meio de fósseis de plantas (Brundrett e Tedersoo, 2017). Devido à alta distribuição dos fungos micorrízicos arbusculares (FMAs) pelo globo terrestre, com várias espécies cosmopolitas (Stümer, Bever e Morton, 2018) e sua ocorrência na maioria das especies vegetais cultivadas, este simbiose destaca-se em importância agrícola, foco deste tópico.

Os FMAs melhoram as respostas fisiológicas e nutricionais das plantas agrícolas. Plantas em simbiose são mais resistentes ao estresse hídrico pelo aumento da exploração do solo (Santana *et al.*, 2023). Aliado a isso, as plantas em simbiose mantêm melhor condição nutricional. Por meio do micélio extraradicular dos FMAs, é possível acessar nutrientes pouco móveis (como o fósforo) por interceptação radicular (Rui *et al.*, 2022). A simbiose estimula o aumento da taxa fotossintética, pelo fato do fungo demandar carbono fotoassimilado, acelerando o desenvolvimento e crescimento vegetal (Tomazelli *et al.*, 2022). Algumas espécies de FMAs estabelecem relações antagônicas a patógenos, protegendo as plantas de doenças, principalmente radiculares (Wenh *et al.*, 2022).

Os FMAs são biotróficos obrigatórios, ou seja, dependem da planta hospedeira para completar seu ciclo de vida. Os esporos encontram-se no solo na fase assimbiótica, são quiescentes, precisam ser ativados para que ocorra o processo de germinação. Que acontece em condição adequada de água, que leva à embebição, ao aumento do volume e à germinação (emissão do tubo germinativo) em direção à raiz da planta hospedeira (Moreira e Siqueira, 2006). Para que ocorra a simbiose, a planta e o fungo trocam sinais moleculares. A planta libera estrigolactonas (fitormônios), principalmente em condições de deficiência de fósforo. Em contrapartida, os FMAs liberam os fatores Myc (Ho-Plágaro e García-Garrido, 2022). A partir da sinalização positiva, o fungo inicia a colonização (fase pré-simbiótica), com a expansão da hifa infectiva até a superfície da raiz, e a diferenciação da estrutura em apreensório, para penetrar nas células radiculares (Moreira e Siqueira, 2006). A simbiose se torna efetiva quando o fungo produz os arbúsculos, por meio da invaginação da membrana plasmática das células, forma uma interface de troca, por onde o fungo recebe fotoassimilados sintetizados pela planta e translocam água e nutrientes para a hospedeira (Figura 18).

Figura 18: Ciclo de vida dos fungos micorrízicos arbuculares (FMAs)

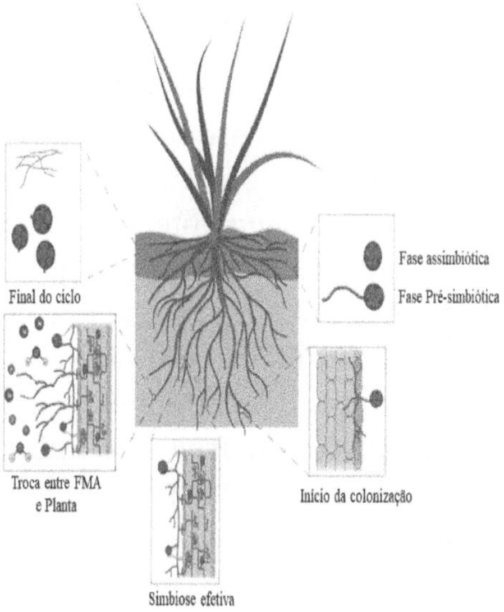

Fonte: elaborado pelos autores no BioRender – versão gratuita (2024).

Os fungos micorrízicos arbusculares sintetizam glomalina, uma proteína descoberta por Wright (1987). Essa proteína produzida por glomeromicetos tem função cimentante no solo, auxiliando na agregação do solo (Rillig *et al.*, 2001), algumas teorias apontam que a produção de glomalina está relacionada com a defesa do micélio fúngico contra patógenos (Purin e Klauberg-Filho, 2010).

6.4 Aplicação das micorrizas na agricultura e setor florestal

O biotrofismo dificulta a produção de biotecnologias (Kumar *et al.*, 2020). Apesar disso, existem várias patentes em desenvolvimento e aprovadas (Srivastava *et al.*, 2021). No Brasil, existe um inoculante registrado no Ministério da Agricultura, Pecuária e Abastecimento (Mapa) à base de FMA, usando a espécie *Rhizophagus intraradices.*

Apesar de não existirem muitas biotecnologias à base de fungos micorrízicos arbuculares, estes contribuem naturalmente para a produção agrícola. Fungos nativos presentes nos solos estabelecem simbiose e aumentam a absorção de água e nutrientes pelas plantas (Zangaro e Moreira, 2010). Contudo, a inoculação com os FMAs pode aumentar a produção de massa e tamanho de folhas de plantas de milho (*Zea mays*) inoculadas com *Rhizophagus intraradices* (Mathur *et al.*, 2018). Em cultivo de soja a inoculação com *Rhizophagus* aumenta a produtividade e a absorção de fósforo, reduzindo a demanda de fertilizantes minerais (Cely *et al.*, 2016). Na cultura da cana-de-açúcar (*Saccharum* sp.), a inoculação com *Funneliformis mosseae* aumenta a produtividade em mais de 20 toneladas por hectare e reduz em 50% a necessidade de fósforo via fertilização mineral (Juntahum *et al.*, 2020). Culturas perenes, como as videiras, também são beneficiadas pela colonização de FMAs, com a elevação da taxa fotossintética, maior absorção de nutrientes (nitrogênio, potássio e fósforo) e aumento da tolerância ao estresse abiótico, como seca e salinização (Trouvelot *et al.*, 2015).

As espécies arbóreas produtoras de madeiras utilizadas no setor florestal, como *Eucalyptus* e *Pinus*, estabelecem simbiose predominante com fungos ectomicorrízicos (Oliveira *et al.*, 2010). "Contudo, o eucalipto também possui a capacidade de se associar com fungos micorrízicos arbusculares. Os fungos do gênero *Pisolithus* e *Rhizopogon* têm sido testados em inoculantes. Alguns resultados demonstram que a inoculação de Eucalipto com *Pisolithus microcarpus* aumenta o crescimento inicial das plantas e o vigor após a transferência para o campo (Costa *et al.*, 2020). Além disso, os fungos micorrízicos arbusculares aumentam o crescimento e reduzem em quase 30 dias o tempo de viveiro para erva-mate (*Ilex paraguariensis*) (Tomazelli *et al.*, 2022).

6.5 Fatores que regulam a ocorrência de micorrizas

6.5.1 Fósforo (P) como modulador da simbiose de FMAs

Os níveis de fósforo (P) no solo atuam como um modulador da simbiose entre o FMA e a planta. A simbiose é afetada desde a fase assimbiótica como também na fase simbiótica (Gu e Mian *et al.*, 2011). Isso ocorre em resultado da demanda energética necessária para estabelecer a simbiose (Smith e Read, 1997). Em uma condição de alto teor de P, ocorre a indução de quitinases, e, concomitante a isso, a degradação de estruturas fúngicas. Entretanto, em uma condição oposta, de baixo teor de P, são degradadas as paredes celulares vegetais, facilitando a colonização fúngica nos espaços intracelulares (Figura 19).

O estudo de Balota *et al.* (2011) mostrou o efeito de doses graduais de P no solo sobre a colonização e esporulação de FMAs em acerola (*Malpighia emarginata*). Para a espécie de FMAs *G. margarita*, os autores observaram uma redução nas variáveis de colonização e esporulação de até 31% e 30%, respectivamente, nas maiores doses testadas (250 mg kg^{-1}). A inibição é amplamente mediada pela supressão da expressão de genes relacionados à simbiose dos FMAs com as plantas, o que posteriormente altera os processos fisiológicos e reduz a necessidade de as plantas estabelecerem simbiose com os FMAs (Costa *et al.*, 2000).

Figura 19: Modelo de como ocorre o controle do desenvolvimento de micorrizas arbusculares, por meio do sistema de defesa vegetal

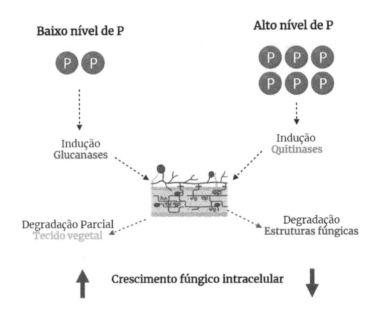

Fonte: elaborado pelos autores no BioRender – versão gratuita (2024).

6.5.2 Outros fatores que regulam a ocorrência e simbiose de FMAs

Práticas de manejo do solo são determinantes na diversidade, abundância, número de esporos e colonização de FMAs nas plantações. A diversidade destes fungos é maior em sistema de plantio direto quando comparado ao sistema convencional (Brito *et al.*, 2012). O revolvimento do solo utilizado no plantio convencional interrompe o ciclo dos FMAs, reduzindo a presença de propágulos viáveis em solos (Pontes *et al.*, 2017).

O uso de agrotóxicos também pode ter efeito na presença de esporos de FMAs viáveis. Alguns estudos *in vitro* demonstram inibição da germinação de esporos destes fungos pelo uso de fungicidas, herbicidas e inseticidas (Mallmann *et al.*, 2018; Malfatti *et al.*, 2023). Estudos de campo demonstram que a agricultura orgânica preserva maior diversidade de FMAs (Wahdan *et al.*, 2021; Finn *et al.*, 2021).

A nutrição das plantas tem relação direta com o estabelecimento da simbiose em plantas agrícolas (Genre *et al.*, 2020). Altos níveis de fósforo no solo podem tornar a simbiose dispensável para as plantas (Verbruggen *et al.*, 2012). Isso acontece devido a mecanismos autorregulatórios das plantas, que não precisam da simbiose para absorver P, em virtude da alta disponibilidade (Moreira e Siqueira, 2006).

As plantas hospedeiras têm elevada influência na presença de espécies de FMAs na rizosfera e no solo. Essas plantas podem exalar compostos orgânicos que favorecem algumas espécies de FMA (Lanfranco *et al.*, 2018). Apesar de os FMAs não serem tão específicos quanto o hospedeiro, dessa forma poderiam colonizar qualquer planta hospedeira, se esta for suscetível à colonização (Moreira e Siqueira, 2006).

Referências

ALIZADEH, O. *Mycorrhizal symbiosis*. Adv. Stud. Biol, v. 6, n. 3, p. 273-281, 2011.

ANTUNES, P.M.; FRANKEN, P.; SCHWARZ, D.; RILLIG, M.C.; COSME, M.; SCOTT, M.; HART, M.M. *Linking Soil Biodiversity and Human Health*: Do Arbuscular Mycorrhizal Fungi Contribute to Food Nutrition? In: WALL, D. Soil ecology and Ecosystem services. Oxford. 2012.

BALOTA, E. L.; MACHINESKI, O.; STENZEL, N. M. C. *Resposta da acerola à inoculação de fungos micorrízicos arbusculares em solo com diferentes níveis de fósforo*. Bragantia, 70, 166-175, 2011.

BRITO, I.; GOSS, M. J.; DE CARVALHO, M.; CHATAGNIER, O.; VAN TUINEN, D. *Impact of tillage system on arbuscular mycorrhiza fungal communities in the soil under Mediterranean conditions*. Soil and Tillage Research, 121, 63–67, 2012.

BRUNDRETT, M. C.; TEDERSOO, L. *Evolutionary history of mycorrhizal symbioses and global host plant diversity*. New Phytologist, v. 220, n. 4, p. 1108-1115, 2018.

CELY, M. V.; DE OLIVEIRA, A. G.; DE FREITAS, V. F.; DE LUCA, M. B.; BARAZETTI, A. R.; DOS SANTOS, I. M.; ANDRADE, G. *Inoculant of arbuscular mycorrhizal fungi (Rhizophagus clarus) increase yield of soybean and cotton under field conditions*. Frontiers in Microbiology, 7, 720, 2016.

CEOLA, G.; GOSS-SOUZA, D.; ALVES, J.; ALVES DA SILVA, A.; STÜRMER, S. L.; BARETTA, D.; KLAUBERG-FILHO, O. *Biogeographic patterns of arbuscular mycorrhizal fungal communities along a land-use intensification gradient in the subtropical atlantic forest biome*. Microbial ecology, 1-19, 2021.

COSTA, H.S.; RÍOS-RUIZ, W.F. & LAMBAIS, M.R. Ácido salicílico inibe a formação de micorrizas arbusculares e modifica a expressão de quitinases e â-1,3-glucanases em raízes de feijoeiro. Sci. Agric., 57:19-25, 2000.

COSTA, L. S.; GRAZZIOTTI, P. H.; FONSECA, A. J.; DOS SANTOS AVELAR, D. C.; ROSSI, M. J.; DE BARROS SILVA, E.; RAGONEZI, C. *Eucalyptus Field Growth and Colonization of Clones Pre-Inoculated with Ectomycorrhizal Fungi*. Agronomy, 12(5), 1204, 2022.

FINN, D. R.; LEE, S.; LANZÉN, A.; BERTRAND, M.; NICOL, G. W.; HAZARD, C. *Cropping systems impact changes in soil fungal, but not prokaryote, alpha-diversity and community composition stability over a growing season in a long-term field trial*. FEMS Microbiology Ecology, 97(10), 2021.

GENRE, A.; LANFRANCO, L.; PEROTTO, S.; BONFANTE, P. *Unique and common traits in mycorrhizal symbioses*. Nature Reviews Microbiology, v.18, p.649–660, 2020. https://doi.org/10.1038/s41579-020-0402-3

GOMES, F.; SUÁREZ, D.; SANTOS, R.; SILVA, M.; GASPAR, D.; MACHADO, H. *Mycorrhizal synthesis between Lactarius deliciosus and Arbutus unedo L*. Mycorrhiza, 26(3), 177–188, 2016.

GOTO, B. T.; BLASZKOWSKI, J. *Laboratorio de Biología de Micorrizas.* Universidad Federal de Río Grande del Norte. [Actualizado 31 de Mar 2018; citado 3 de abr 2018]. 2018.

HO-PLÁGARO, T.; GARCÍA-GARRIDO, J. M. *Molecular Regulation of Arbuscular Mycorrhizal Symbiosis.* International journal of molecular sciences, 23(11), 5960, 2022.

JUNTAHUM, S.; JONGRUNGKLANG, N.; KAEWPRADIT, W.; LUMYONG, S.; BOONLUE, S. *Impact of arbuscular mycorrhizal fungi on growth and productivity of sugarcane under field conditions.* Sugar Tech, 22, 451-459, 2020.

KASUYA, M.C.M.; COSTA, M.D.; ARAUJO, E.F.; BORGES, A.C.; MENDONÇA, M.M. *Ectomicorrizas no Brasil*: Biologia e nutrição de plantas. In: SIQUEIRA, J.O.; SOUZA, F.A.; CARDOSO, E.J.B.N.; TSAI, S.M. Micorrizas: 30 anos de pesquisa no Brasil. 2010. UFLA.

KUMAR, P.; DUBEY, K. K. *Biotechnological interventions for arbuscular mycorrhiza fungi (AMF) based biofertilizer*: technological perspectives. Microbial Enzymes and Biotechniques: Interdisciplinary Perspectives, 161-191, 2020.

LAMBAIS, R.M.; RAMOS, A.C. Sinalização e transdução de sinais em micorrizas arbusculares. In: SIQUEIRA, J.O.; SOUZA, F.A.; CARDOSO, E.J.B.N.; TSAI, S.M. *Micorrizas*: 30 anos de pesquisa no Brasil. UFLA, Lavras, 2010.

LANFRANCO, L.; FIORILLI, V.; GUTJAHR, C. (2018). *Partner communication and role of nutrients in the arbuscular mycorrhizal symbiosis.* New Phytologist, v.220, n.4, p.1031-1046, 2018.

LEE, E. H.; EOM, A. H. *Monotropoid mycorrhizal characteristics of Monotropa uniflora (Ericaceae) collected from a forest in Korea.* The Korean Journal of Mycology, 42(3), 243-246, 2014.

LIU, X.; LIAO, X.; CHEN, D.; ZHENG, Y.; YU, X.; XU, X.; LAN, S. *The complete chloroplast genome sequence of Monotropa uniflora (Ericaceae).* Mitochondrial DNA Part B, 5(3), 3168-3169, 2020.

LIU, Z.,;LI, M.; LIU, J.; WANG, J.; LIN, X.; & HU, J. (2022). *Higher diversity and contribution of soil arbuscular mycorrhizal fungi at an optimal P-input level.* Agriculture, Ecosystems & Environment, 337, 108053.

MALFATTI, A.D.; OLIVEIRA FILHO, L.C.I.; CARNIEL, L.S.C.; MALLMANN, G.; CRUZ, S.; KLAUBERG-FILHO, O. *Risk assessment tests of neonicotinoids on spore germination of arbuscular mycorrhizal fungi Gigaspora albida and Rhizophagus clarus.* J Soils Sediments, 23, 1295–1303 (2023).

MALLMANN, G. C.; SOUSA, J. P.; SUNDH, I.; PIEPER, S.; ARENA, M.; CRUZ, S. P.; KLAUBERG-FILHO, O. *Placing arbuscular mycorrhizal fungi on the risk assessment test battery of plant protection products (PPPs).* Ecotoxicology, 27(7), 809–818, 2018.

MATHUR, S.; SHARMA, M. P.; JAJOO, A. *Improved photosynthetic efficacy of maize (Zea mays) plants with arbuscular mycorrhizal fungi (AMF) under high temperature stress.* Journal of Photochemistry and Photobiology B: Biology, 180, 149-154, 2018.

MOREIRA, F.M.S.; SIQUEIRA, J.O. *Microbiologia e Bioquímica do Solo.* 2006. 2a edição, Editora UFLA. 729 p.

NAVARRO GARCÍA, A.; DEL PILAR BAÑÓN ÁRIAS, S.; MORTE, A.; SÁNCHEZ-BLANCO, M. J. *Effects of nursery preconditioning through mycorrhizal inoculation and drought in Arbutus unedo L. plants.* Mycorrhiza, 21, 53-64, 2011.

OLIVEIRA, V.L.; OLIVEIRA, L.P.; ROSSI, M.J. *Ectomicorrizas no Brasil*: diversidade de fungos e aplicação. In: SIQUEIRA, J.O.; SOUZA, F.A.; CARDOSO, E.J.B.N.; TSAI, S.M. Micorrizas: 30 anos de pesquisa no Brasil. 2010. UFLA.

OLIVEIRA, V.L.; ROSSI, M.J.; TARGHETTA, B.L. Avanços na aplicação de

ectomicorrizas. In: Márcia do Vale Barreto Figueiredo; Hélio Almeida Burity; Newton Pereira Stamford; Carolina Etienne de Rosália e Silva Santos (Org.). *Microrganismos e agrobiodiversidade*: o novo desafio para agricultura. Guaíba: Agrolivros, p.297-331, 2008.

OTERO, J. T.; MOSQUERA, A. T.; FLANAGAN, N. S. *Tropical orchid mycorrhizae*: potential applications in orchid conservation, commercialization, and beyond. Lankesteriana International Journal on Orchidology, 13(1-2), 57-63, 2013.

PEREIRA, O.L.; KASUYA, M.C.M. Micorrizas em orquídeas. In: SIQUEIRA, J.O.; SOUZA, F.A.; CARDOSO, E.J.B.N.; TSAI, S.M. *Micorrizas*: 30 anos de pesquisa no Brasil. 2010. UFLA.

PONTES, J. S., OEHL, F., MARINHO, F., COYNE, D., SILVA, D. K. A. DA, YANO-MELO, A. M., & MAIA, L. C. *Diversity of arbuscular mycorrhizal fungi in Brazil's Caatinga and experimental agroecosystems.* Biotropica, 49(3), 413–427, 2017.

PURIN, S.C.; KLAUBERG-FILHO, O. Glomalina: nova abordagem para entendermos a biologia dos fungos micorrízicos arbusculares. In: SIQUEIRA, J.O.; SOUZA, F.A.; CARDOSO, E.J.B.N.; TSAI, S.M. *Micorrizas*: 30 anos de pesquisa no Brasil. 2010. UFLA.

REDECKER, D., A.; SCHÜßLER, H.; STOCKINGER.; S. STÜRMER.; J. MORTON; C. WALKER. *An evidence-based consensus for the classification of arbuscular mycorrhizal fungi (Glomeromycota)*. Mycorrhiza, 2013.

RILLIG, M.C.; WRIGHT, S.F.; KIMBALL, B.A.; PINTER, P.J.; WALL, G.W.; OTTOMAN, M.J.; LEAVITT, S.W. *Elevated carbon dioxide and irrigation effects on water stable aggregates in a Sorghum field*: a possible role for arbuscular mycorrizal fungi. Global Change Biology, 7:333-337, 2001.

RUI, W.; MAO, Z.; LI, Z. *The Roles of Phosphorus and Nitrogen Nutrient Transporters in the Arbuscular Mycorrhizal Symbiosis*. International journal of molecular sciences, 23(19), 11027, 2022.

SANTANA, L. R.; DA SILVA, L. N.; TAVARES, G. G.; BATISTA, P. F.; CABRAL, J. S. R.; SOUCHIE, E. L. *Arbuscular mycorrhizal fungi associated with maize plants during hydric deficit*. Scientific reports, 13(1), 1519, 2023.

SMITH, S.E.; READ, D.J. *Mycorrhizal Symbiosis*. California: Academic Press, 1997. 506p.

SRIVASTAVA, S.; JOHNY, L.; ADHOLEYA, A. *Review of patents for agricultural use of arbuscular mycorrhizal fungi*. Mycorrhiza, 31, 127-136, 2021.

STÜRMER, S. L.; BEVER, J. D.; MORTON, J. B. *Biogeography of arbuscular mycorrhizal fungi (Glomeromycota)*: a phylogenetic perspective on species distribution patterns. Mycorrhiza, 28, 587-603, 2018.

TREVOR, R.T.YU, T.E., EGGER, K.N; PETERSON, L.R. *Ectendomycorrhizal associations – characteristics and functions*. Mycorrhiza, 11, 167–177 (2001). https://doi.org/10.1007/s005720100110

TROUVELOT, S.; BONNEAU, L.; REDECKER, D.; VAN TUINEN, D.; ADRIAN, M.; WIPF, D. *Arbuscular mycorrhiza symbiosis in viticulture*: a review. Agronomy for sustainable development, 35, 1449-1467, 2015.

TSULSIYAH, B.; FARIDA, T.; SUTRA, C. L.; SEMIARTI, E. *Important Role of Mycorrhiza for Seed Germination and Growth of Dendrobium Orchids*. J Trop Biodiv Biotech, 6(2), jtbb60805, 2021.

VERBRUGGEN, E.; VAN DER HEIJDEN, M. G. A., WEEDON, J. T.; KOWALCHUK, G. A.; RÖ-LING, W. F. M. (2012). *Community assembly, species richness and nestedness of arbuscular mycorrhizal fungi in agricultural soils*. Molecular Ecology, 21(10), 2341–2353, 2012.

WAHDAN, S. F. M.; REITZ, T.; HEINTZ-BUSCHART, A.; SCHÄDLER, M.; ROSCHER, C.; BREITKREUZ, C.; SCHNABEL, B.; PURAHONG, W.; BUSCOT, F. *Organic agricultural practice enhances arbuscular mycorrhizal symbiosis in correspondence to soil warming and altered precipitation patterns*. Environmental Microbiology, 23(10), 6163–6176, 2021.

WAŻNY, R.; JĘDRZEJCZYK, R. J.; ROZPĄDEK, P.; DOMKA, A.; TURNAU, K. *Biotization of highbush blueberry with ericoid mycorrhizal and endophytic fungi improves plant growth and vitality.* Applied Microbiology and Biotechnology, 106(12), 4775-4786, 2022.

WENG, W.; YAN, J.; ZHOU, M.; YAO, X.; GAO, A.; MA, C.; RUAN, J. *Roles of arbuscular mycorrhizal fungi as a biocontrol agent in the control of plant diseases.* Microorganisms, 10(7), 1266, 2022.

WILCOX, H. E. Mycorrhizal Associations. In: *Biotechnology of Plant-Microbe Interactions*. Ed. J P Nakas & C Hagedorn. pp. 227-255. McGraw-Hill, New York, 1990.

WRIGHT, S.F.; MORTON, J.B.; SWOROBULK, J.E. *Identification of a vesicular-arbuscular mycorrhizal fungus by using monoclonal antibodies in an enzyme-linked immunosorbent assay.* Applied environmental microbiology, 53: 2222-2225, 1987.

ZANGARO, Waldemar; MOREIRA, Milene. Micorrizas arbusculares nos biomas Floresta Atlântica e Floresta de Araucária. In: SIQUEIRA, J.O.; SOUZA, F.A.; CARDOSO, E.J.B.N.; TSAI, S.M. *Micorrizas*: 30 anos de pesquisa no Brasil. UFLA, Lavras, 2010.

7. TRANSFORMAÇÕES MICROBIANAS DO P NO SOLO

Daniela Tomazelli, Dennis Góss-Souza e
Osmar Klauberg Filho

7.1 Introdução

O fósforo (P) é elemento fundamental para o funcionamento celular, este faz parte da membrana celular, ácidos nucleicos (DNA e RNA) e moléculas de armazenamento de energia (adenosina-trifosfato – ATP e adenosina-difosfato – ADP) (Nelson e Cox, 2022). É um dos 17 elementos essenciais para o desenvolvimento e crescimento vegetal (Uchida, 2000).

No solo, o P é encontrado na forma $P_{orgânico}$, na forma de fosfatoinositol, fosfolipídeos e nucleotídeos; ou na forma e $P_{inorgânico}$ ou mineral, que pode ser encontrado ligado a óxidos de ferro e alumínio em solos ácidos, ou em cálcio em solos alcalinos (Moreira e Siqueira, 2006; Gatiboni *et al.*, 2005).

Em regiões subtropicais, como o Brasil, existe a predominância de minerais ricos em óxidos de ferro e alumínio, com cargas positivas na matriz do solo, que formam complexos com o ânion de fosfato (PO_4^-) (Vilar *et al.*, 2010), limitando a produção vegetal e trazendo a necessidade de aplicação de grandes quantidades de adubação fosfatada. Contudo, em alguns casos, o fósforo aplicado pode ter baixo aproveitamento pelas plantas, por ficar adsorvido na matriz mineral do solo ou em caso de excesso ser lixiviado (Gatiboni *et al.*, 2020).

A disponibilidade de fósforo pode ser aumentada por fungos micorrízicos arbusculares, por meio da expansão da área de acesso ao sistema radicular, ou pela solubilização do fosfato adsorvido por bactérias e fungos. Atualmente, algumas biotecnologias à base desses microrganismos já estão disponíveis no mercado, contudo é importante compreender a dinâmica desse elemento no solo e os processos microbianos envolvidos na ciclagem, que serão vistos neste capítulo.

7.2 Ciclo, estoque e fluxos de fósforo

O ciclo do fósforo (P) é aberto e flui das rochas para os solos, ou das rochas diretamente para os oceanos, onde não é reciclado. E, diferentemente do nitrogênio (N) e do carbono (C), o fósforo (P) não apresenta formas gasosas. O oceano é o maior reservatório de fósforo, com 840.000 Gt, seguido do solo, com estimativa entre 96 e 182 Gt de fósforo. As rochas mineráveis têm cerca de 19 Gt; e, com a menor proporção, a biota terrestre, sendo 1,8 Gt estocado na biomassa vegetal e 0,8 na biomassa microbiana (Moreira e Siqueira, 2006).

O fósforo solúvel ou lábil é a fração de P_i e P_o disponível para ser absorvida pelas plantas, nas formas inorgânicas (P_i): PO_4^{3-}, $H_2PO_4^-$, HPO^{-2}_4 e pelos microrganismos na forma orgânica (P_o), como fosfatos de inositol (fitase), fosfolipídios e ácidos nucleicos (Tian *et al.*, 2021). O fósforo microbiano; (P_{mic}) é a fração de P que faz parte das estruturas microbianas; é a fração de rápida ciclagem e importante para os fluxos e transformações do P (Cardoso e Andreote, 2016).

Em solos tropicais e subtropicais, como no Brasil, graças à elevação do intemperismo sobre os minerais do solo, o P_i pode ser encontrado ligado à fração mineral com alta energia e o P_o estabilizado de maneira física ou química (Santos, Gatiboni e Kaminski, 2008).

Os microrganismos são fundamentais para a ciclagem do fósforo; são capazes de solubilizar P_o e P_i de compostos insolúveis, por intermédio de enzimas fosfatases e ácidos orgânicos. Também são conhecidos como microrganismos solubilizadores de fosfato (MSF) (Kalayu, 2019). Na Figura 20, são ilustrados os processos mencionados nos parágrafos acima.

Figura 20: Ciclo biogeoquímico do fósforo, ação dos microrganismos solubilizadores de fosfato (MSF) e saídas do fósforo do solo

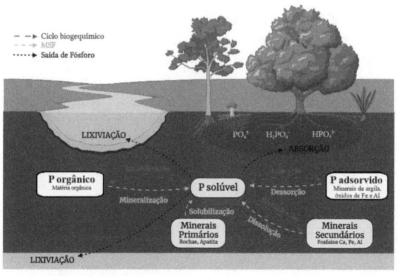

Fonte: elaborado pelos autores no BioRender – versão gratuita (2024).

7.3 Transformações microbianas do P

7.3.1 Mineralização do P orgânico

A mineralização do fósforo consiste na transformação de P_o para P_i, solúvel na solução do solo. O P_o representa de 20 a 80% do P total do solo, sendo um importante reservatório de P disponível (Fransson e Jones, 2007), sendo que o P inositol (fitase) compõe 50% do P_o disponível no solo (Vats, Bhattacharyya e Banerjee, 2005). A mineralização é realizada por plantas e diversos microrganismos, que são capazes de hidrolisar P_o, por intermédio de enzimas fosfatases (Cardoso e Andreote, 2016).

As fosfatases são enzimas extracelulares secretadas por plantas e/ou microrganismos que catalisam monoésteres em uma determinada faixa de pH. Devido a isso, são classificadas em fosfatases ácidas (pH próximo a 6,5) e fosfatases básicas (pH ótimo, em torno de 11) (Cardoso e Andreote, 2016). A atividade fosfatase é alta na rizosfera de plantas e elevada, principalmente, em plantas invasoras e gramíneas de rápido crescimento, podendo explicar a velocidade e capacidade de colonização (Nannipieri *et al.*, 2011).

A fosfatase ácida é secretada por raízes de cereais (trigo, milheto e sorgo), leguminosas (feijão) e oleaginosas (amendoim, gergelim e mostarda) quando em condições deficientes em P, sendo nas oleaginosas encontrada a maior atividade (Yadav e Tarafdar, 2001). Também foi encontrada atividade de fosfatase ácida em fungos do gênero *Asperilus* (Tarafdar, Yadav e Meena, 2001). Por outro lado, as fosfatases alcalinas não foram detectadas em plantas, mas podem ser produzidas por bactérias. Nos estudos de Sakurai *et al.* (2008), foram encontrados genes que codificam para a produção de fosfatase alcalina nas bactérias *Mesorhizobium loti* e *Pseudomonas fluorescens*.

A mineralização é influenciada por condições ambientais, em especial por condições que interferem na densidade e atividade microbiana, assim como pela mineralogia.

7.3.2 Imobilização do P

A imobilização é um processo contrário à mineralização, em que o P_i é utilizado por microrganismos para compor as estruturas celulares e para funções metabólicas, fazendo parte do P_{mic} (Cardoso e Andreote, 2016). A imobilização é regulada pela relação de P disponível, sendo esta mensurada pela relação carbono:fósforo, que está em equilíbrio na faixa de 300:1. Contudo, quando esse valor é superior a 300:1, a imobilização de P pelos microrganismos é maior que a mineralização, tornando o nutriente escasso para as plantas (Moreira e Siqueira, 2006).

7.4 Microrganismos solubilizadores de fosfato

Microrganismos solubilizadores de fosfato (MSF) sintetizam compostos orgânicos capazes de transformar fosfatos insolúveis (adsorvidos ou precipitados) em solúveis e disponíveis na solução do solo (Tian *et al.*, 2021). O mecanismo de solubilização consiste na liberação de ácidos orgânicos, como ácido cítrico, oxálico, lático, glicólico, málico, succínico e tartárico, e prótons associados. Alguns microrganismos também liberam ácidos inorgânicos. A liberação de ácidos dissolve o P quelado ou adsorvido, tornando o P solúvel e disponível (Richardson e Simpson, 2011; Cardoso e Andreote, 2016).

A solubilização de fosfato é realizada por bactérias, dos gêneros: *Pseudomonas, Azospirillum, Burkholderia, Bacillus, Enterobacter, Rhizobium, Erwinia, Serratia, Alcaligenes, Arthrobacter, Acinetobacter* e *Flavobacterium* (Zhang *et al.*,

2020). Pelo mesmo mecanismo de liberação de ácidos, o fungo do gênero *Penicillium* solubiliza fosfato (Wakelin *et al.*, 2004), e foram encontradas evidências de que fungos ectomicorrízicos produzem ácido oxálico e podem solubilizar fosfato de cálcio, tornando o fosfato disponível (Landeweert *et al.*, 2001)

7.5 Fungos micorrízicos e absorção de P

Os fungos micorrízicos (FM) são importantes para expandir a área de acesso aos nutrientes do solo, alcançando o P adsorvido na matriz mineral do solo ou precipitado por cátions do solo. A troca entre os FM e a planta é muito benéfica, pois as plantas alocam de 10% a 20% de seu carbono fotossintético para fungos micorrízicos, que contribuem para até 90% do P requerido pelas plantas (Shi, Wang e Wang, 2023).

7.6 Perdas de P

O fósforo solúvel na solução do solo pode ser carregado pela água da chuva, processo conhecido como erosão hídrica. Estima-se em solos agrícolas que são perdidos 6,3 Tg de P por ano^{-1}, sendo 1,5 Tg P$_{orgânico}$ e 4,8 Tg P$_{inorgânico}$ (Alewell *et al.*, 2020). O cultivo em solos declivosos aumenta em até três vezes a perda de P em solos de pastagens adubados com dejetos suínos (Dall'Orsoletta *et al.*, 2021).

Em solos argilosos, o P é facilmente absorvido, mas também fica protegido da erosão hídrica (Dall'Orsoletta *et al.*, 2021). Pensando na redução das perdas de P, pode-se priorizar a escolha por áreas planas para cultivados que demanda elevado aporte de P, dimensionar a adubação com base nas características mineralógicas do solo (Alewell *et al.*, 2020) e implementar biotecnologias que promovam a solubilização de P (Kalayu, 2019). Com isso, ter P em quantidade suficiente para a nutrição de plantas, mas não excessiva que possa ser perdida por erosão hídrica, é uma boa estratégia para otimizar o uso de fósforo e reduzir custos com a fertilização.

7.7 Manejos biológicos do solo para melhorar a disponibilidade de P

Para solos ácidos e intemperizados, como os brasileiros, onde P torna-se facilmente absorvido na matriz mineral do solo, é importante promover manejos que favoreçam a diversidade de microrganismos que mineralizem o $P_{orgânico}$, microrganismos solubilizadores de fosfato, fungos micorrízicos que aumenta a absorção de P, mesmo sem adição de fertilizantes (Tomazelli *et al.*, 2022).

A utilização de fertilizantes orgânicos contribui para o aporte de P em frações orgânicas e inorgânicas, mantendo nutrientes por mais tempo no sistema, favorecem a atividade microbiana e os processos de mineralização de P, assim como solubilização de fosfatos por bactérias e fungos (Billah *et al.*, 2019). Por outro lado, fertilizantes minerais têm o P na forma inorgânica e solúvel, que pode ser lixiviado com maior facilidade. Aliar adubação mineral com a orgânica pode ser uma boa alternativa para se obterem diferentes fontes de P, além do enriquecimento microbiológico.

O uso de *biochar* na agricultura melhora atributos do solo e a estrutura da comunidade microbiana, favorecendo microrganismos que possuem genes (*phoA, phoD* e *phoX*) que codificam para produção de fosfatases. Sendo assim, o uso de *biochar* pode aumentar a disponibilidade de P nos solos (Yang *et al.*, 2021).

Referências

ALEWELL, C.; RINGEVAL, B.; BALLABIO, C.; ROBINSON, D.A.; PANAGOS, P.; BORRELLI, P. *Global phosphorus shortage will be aggravated by soil erosion.* Nature communications, v.11, 2020.

BILLAH, M.; KHAN, M.; BANO, A.; HASSAN, T. U.; MUNIR, A.; GURMANI, A. R. *Phosphorus and phosphate solubilizing bacteria:* Keys for sustainable agriculture. Geomicrobiology Journal, 36(10), 904-916, 2019.

DALL'ORSOLETTA, D. J.; GATIBONI, L. C.; MUMBACH, G. L.; SCHMITT, D. E.; BOITT, G.; SMYTH, T. J. *Soil slope and texture as factors of phosphorus exportation from pasture areas receiving pig slurry.* Science of the Total Environment, 761, 144004, 2021.

FRANSSON, A. M.; JONES, D. L. *Phosphatase activity does not limit the microbial use of low molecular weight organic-P substrates in soil.* Soil Biology and Biochemistry, 39(5), 1213-1217, 2007.

GATIBONI, L.C.; NICOLOSO, R.S.; MUMBACH, G.L.; SOUZA-JUNIOR, A.A.; DALL'ORSOLETTA, D.J.; SCHMITT, D.E.; SMYTH, T.J. *Establishing environmental soil phosphorus thresholds to decrease the risk of losses to water in soils from Rio Grande do Sul, Brazil.* Revista Brasileira de Ciência do Solo, 44, 2020.

GATIBONI, L.C.; RHEINHEIMER, D.S.; FLORES, A.C.F.; ANGHINONI, I.; KAMINSKI, J.; LIMA, M. A.S. *Phosphorus Forms and Availability Assessed by 31P-NMR in Successively Cropped Soil.* Communications in Soil Science and Plant Analysis, 36(19-20), 2625-2640, 2005.

KALAYU, G. *Phosphate solubilizing microorganisms: promising approach as biofertilizers.* International Journal of Agronomy, 1-7, 2019.

LANDEWEERT, R.; HOFFLAND, E.; FINLAY, R. D.; KUYPER, T. W.; VAN BREEMEN, N. *Linking plants to rocks: ectomycorrhizal fungi mobilize nutrients from minerals.* Trends in ecology & evolution, 16(5), 248-254, 2001.

MOREIRA, F.M.S.; SIQUEIRA, J.O. *Microbiologia e Bioquímica do Solo.* 2006. 2a edição, Editora UFLA. 729 p.

NANNIPIERI, P.; GIAGNONI, L.; LANDI, L.; RENELLA, G. *Role of phosphatase enzymes in soil.* Phosphorus in action: biological processes in soil phosphorus cycling, 215-243, 2011.

NELSON, D. L.; COX, M. M. *Princípios de bioquímica de Lehninger.* Artmed Editora, 2022.

RICHARDSON, A. E.; SIMPSON, R. J. *Soil microorganisms mediating phosphorus availability update on microbial phosphorus.* Plant physiology, 156(3), 989-996, 2011.

SANTOS, D. R. D.; GATIBONI, L. C.; KAMINSKI, J. *Fatores que afetam a disponibilidade do fósforo e o manejo da adubação fosfatada em solos sob sistema plantio direto.* Ciência Rural, 38, 576-586, 2008.

SHI, J.; WANG, X.; WANG, E. *Mycorrhizal Symbiosis in Plant Growth and Stress Adaptation*: From Genes to Ecosystems. Annual review of plant biology, 74, 569–607, 2023.

TARAFDAR, J. C.; YADAV, R. S.; MEENA, S. C. *Comparative efficiency of acid phosphatase originated from plant and fungal sources.* Journal of Plant Nutrition and Soil Science, 164(3), 279-282, 2001.

TIAN, J.; GE, F.; ZHANG, D.; DENG, S.; LIU, X. *Roles of phosphate solubilizing microorganisms from managing soil phosphorus deficiency to mediating biogeochemical P cycle.* Biology, 10(2), 158, 2021.

UCHIDA, R. *Essential nutrients for plant growth: nutrient functions and deficiency symptoms.* Plant nutrient management in Hawaii's soils, 4, 31-55, 2000.

VATS, P.; BHATTACHARYYA, M. S.; BANERJEE, U. C. *Use of phytases (myo-inositol hexakisphosphate phosphohydrolases) for combatting environmental pollution*: A biological approach. Critical Reviews in Environmental Science and Technology, 35(5), 469-486, 2005.

VILAR, C.C.; DA COSTA, A.C.S.; HOEPERS, A.; SOUZA JUNIOR, I.G. *Capacidade máxima de adsorção de fósforo relacionada a formas de ferro e alumínio em solos subtropicais.* Revista Brasileira de Ciência do Solo, 34:1059-1068, 2010.

WAKELIN, S.A.; WARREN, R.A.; HARVEY, P.R.; RYDER, M.H. *Phosphate solubilization by Penicillium spp. closely associated with wheat roots.* Biol Fertil Soils 40, 36–43, 2004.

YADAV, R.; TARAFDAR, J. *Influence of organic and inorganic phosphorus supply on the maximum secretion of acid phosphatase by plants.* Biology and Fertility of soils, 34, 140-143, 2001.

YANG, F.; SUI, L.; TANG, C.; LI, J.; CHENG, K.; XUE, Q. *Sustainable advances on phosphorus utilization in soil via addition of biochar and humic substances.* Science of The Total Environment, 768, 145106, 2021.

ZHANG, J.; FENG, L.; OUYANG, Y.; HU, R.; XU, H.; WANG, J. *Phosphate-solubilizing bacteria and fungi in relation to phosphorus availability under different land uses for some latosols from Guangdong, China.* Catena (Giessen), 195, 104686, 2020.

8. TRANSFORMAÇÕES MICROBIANAS DO NITROGÊNIO NO SOLO

Daniela Tomazelli e Dennis Góss-Souza

8.1 Introdução

O nitrogênio (N) é o elemento fundamental para a vida; compõe a estrutura de células, aminoácidos, clorofila, ácidos nucleicos (DNA e RNA) e transporte de energia celular (ATP e ADP), sendo o quarto elemento mais abundante na biomassa celular (Stein e Klotz, 2016). O N é um dos elementos que passam pelo maior número de transformações, durante a ciclagem biogeoquímica (Moreira e Siqueira, 2006), sendo os microrganismos fundamentais para as transformações do nitrogênio no sistema solo, planta e atmosfera (Hallin *et al.*, 2009).

São cinco os principais processos da biogeoquímica do nitrogênio nos quais os microrganismos atuam: fixação biológica do nitrogênio ($N_2 \rightarrow NH_4^+$), mineralização ($N_{orgânico} \rightarrow NH_4^+$), amonificação ($NO_3^- \rightarrow NH_4^+$), nitrificação ($NH_4^+ \rightarrow NO_3^-$) e desnitrificação ($NO_3^- \rightarrow N_2$), sendo que as reações são catalisadas por enzimas, que fazem parte do aparato metabólico de grupos funcionais microbianos (Hackl *et al.*, 2012). As transformações do nitrogênio estão resumidas na Figura 21.

Figura 21: Transformação do nitrogênio no solo e na atmosfera e as formas absorvidas pelas plantas (setas contínuas)

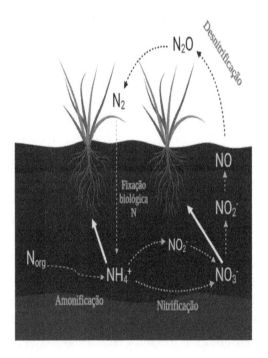

Fonte: elaborado pelos autores no BioRender – versão gratuita (2024).

8.2 Estoques de nitrogênio (N)

O nitrogênio é o quinto elemento mais abundante do nosso sistema solar (Canfield, Glazer e Falkowski, 2010). A maior concentração de N encontra-se na litosfera, onde está distribuído nas rochas. Estima-se que no fundo do oceano haja 1×10^{20} kg, sendo 98% do N existente. O segundo maior reservatório encontra-se na atmosfera, com $3,9 \times 10^{18}$ kg na forma de N_2, com concentração de 78%. Compondo os organismos vivos (biosfera), encontram-se 2,8 a $6{,}5x10^{18}$ kg, sendo que, destes, 96% encontram-se na matéria orgânica morta, e apenas 4% nos organismos vivos (Moreira e Siqueira, 2006).

O ciclo do N é aberto, fluindo da atmosfera para o solo, e do solo para a atmosfera, o N encontra-se distribuído na forma de N_2 na atmosfera do solo, na ordem de 11.500 kg ha^{-1}. Fazendo parte de estrutura de organismos vivos, na forma de $N_{orgânico}$, na ordem de 7.250 kg ha^{-1}. Já nas formas inorgânicas, utilizadas pelas plantas, essa quantidade é menor, sendo que, na forma nítrica $N{-}NO_3^-$, estimam-se 50 kg ha^{-1}, e, na forma amoniacal $N{-}NH_4^-$, estimam-se 10 kg ha^{-1} (Moreira e Siqueira, 2006).

8.3 Mineralização, amonificação e imobilização

A mineralização é a transformação do nitrogênio da forma orgânica para a forma mineral, considerando que boa parte do N encontra-se na forma orgânica, compondo proteínas, peptídeos, quitina, ácidos nucleicos, bases nitrogenadas e a molécula de ureia – $CO(NH2)_2$ (Moreira e Siqueira, 2006).

A mineralização do N se inicia com enzimas que quebram proteínas (enzimas proteolíticas extracelulares), liberando peptídeos e aminoácidos. Após isso, no interior das células microbianas, essas moléculas são metabolizadas, produzindo NH_3 e compostos orgânicos intermediários (álcoois, ácidos orgânicos e aldeídos). A transformação de $N_{orgânico}$ em amônia (NH_3) é chamada de amonificação – este processo ocorre tanto em condições aeróbicas como anaeróbicas (Dias, 2012).

A amonificação é realizada por vários grupos microbianos, como bactérias (exemplos: *Bacilllus*, *Pseudomonas*), fungos (exemplos: *Aspergillus*, *Streptomyces*) e protozoários. Além disso, esse processo é acelerado pela fragmentação feita pela fauna do solo (Wurs, Deyn e Orwin, 2012). A amônia (NH_3) produzida se equilibra com a água do solo, formando amônio (NH_4^+), que é imobilizado por planta ou microrganismos, ou por meio da ação enzimática. Em condições aeróbicas, é nitrificado (Moreira e Siqueira, 2006).

A imobilização é o processo contrário à mineralização, em que o nitrogênio, na forma mineral (NH_4^+, NO_3^-), é absorvido ou imobilizado por plantas e microrganismos para funções metabólicas e estruturais. A relação C:N dos materiais que entram no solo modela os processos de imobilização e mineralização. Onde a relação C:N é maior que 30:1, a imobilização de N pelos microrganismos é maior que a mineralização. Relações C:N entre 20:1 e 30:1 mantêm o equilíbrio entre imobilização = mineralização. Enquanto a relação C:N for menor que 20:1, a mineralização de N é superior a imobilização.

8.4 Nitrificação

A nitrificação é a oxidação do nitrogênio da forma amoniacal (NH_3 e NH_4^+) para formas nítricas (NO_2^- e NO_3^-) e ocorre em condições aeróbicas. Este processo ocorre em duas etapas:

1. **Nitritação**: transformação do amônio (NH_4^+) → nitrito (NO_2), realizada por microrganismos quimiotróficos, bactérias oxidantes de amônia (AOB) ou arqueas oxidantes de amônia (AOA), pertencentes ao gênero *Nitrosomonas*;

2. **Nitratação**: transformação do nitrito (NO_2) → nitrato (NO_3), realizada por bactérias do gênero *Nitrospira* (Potgieter *et al.*, 2020).

A nitrificação é um processo específico, realizado por microrganismos que possuem genes que codificam para a produção de enzimas como amônio mono-oxigenase, hidroxilamina oxirredutase e nitrito oxirredutase (Canfield, Glazer e Falkowski, 2010). Em virtude dos processos oxidativos, a nitrificação demanda por oxigênio e só ocorre na presença deste.

Em solos brasileiros, onde predominam cargas negativas, o íon nitrato (NO_3^-) é facilmente repelido pelas cargas da matriz do solo e lixiviado, causando a eutrofização das águas (Costa Mendes *et al.*, 2015). Já o cátion amônio (NH_4^+), por ter cargas positivas, combina com a argila e a matéria orgânica (MO), que têm cargas negativas. Devido a isso, o processo de nitrificação é importante para manter o nitrogênio na forma amoniacal, disponível e assimilável pelas plantas.

Outros microrganismos podem impactar a nitrificação, como os fungos micorrízicos arbuculares (FMAs), que competem com as AOB e AOA pelo NH_4^+, impedindo a nitrificação (Veresoglou *et al.*, 2019).

8.5 Desnitrificação

A desnitrificação é um processo redutivo realizado por vários grupos de bactérias anaeróbicas facultativas. As bactérias desnitrificantes utilizam as formas oxidadas de N como aceptor de elétrons no metabolismo respiratório. É estimado que 5% das bactérias do solo tenham a capacidade de realizar a desnitrificação (Philippot *et al.*, 2007).

Os microrganismos desnitrificadores possuem genes que codificam para a produção das enzimas nitrato redutase (*nar*), nitrito redutase (*nirS* e *nirK*), óxido nítrico redutase (*nor*) e óxido nitroso redutase (*nos*) (Van Elsas, Rosado e Nannipieri, 2019).

O processo de desnitrificação, bem como as enzimas e genes, está esquematizado na Figura 22.

Entre os desnitrificadores, encontram-se as bactérias dos gêneros *Pseudomonas* e *Paracoccus,* archaeras, como *Pyrobaculum aerophilum* e *Haloferax denitrificans,* e os fungos *Fusarium solani, Gibberella fujikuroi* (Hayatsu, Tago e Saito, 2008). Evidências demonstram que os fungos micorrízicos arbusculares (FMAs) modulam a comunidade bacteriana. Veresoglou, Chen e Rillig (2012) pontuam que os FMAs aumentam a abundância de desnitrificadores como a *Pseudomonas*, o que poderia aumentar a desnitrificação, enquanto os resultados de Gui *et al.* (2021) revelaram que a presença de FMAs reduz a desnitrificação em determinadas condições de solo.

Figura 22: Enzimas e genes microbianos (nar, nirK, nirS e nor) envolvidos no processo de desnitrificação em solos

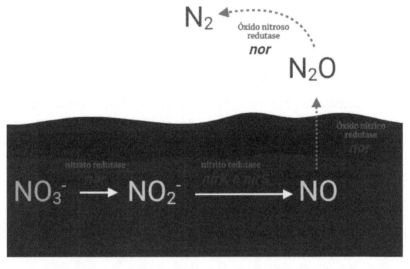

Fonte: elaborado pelos autores no BioRender – versão gratuita (2024).

A alteração de alguns atributos do solo pode favorecer a desnitrificação, como a relação entre umidade e oxigênio do solo, sendo um processo que ocorre em condições reduzidas, ou seja, quando o solo está com a maior parte do espaço poroso preenchido por água, em vez de oxigênio, as taxas de desnitrificação são maiores, devido à maior utilização do NO_3^- em vez de O_2 como aceptor de elétrons na respiração microbiana (Moreira e Siqueira; Chen *et al.*, 2023).

A temperatura é outro fator que induz a desnitrificação em solos, de maneira indireta pelo efeito na solubilidade e difusão do O_2. A temperatura mínima para que a nitrificação ocorra é de 5 °C, e a máxima, de 75 °C (Moreira e Siqueira, 2006). O aumento da temperatura impulsiona a ação de microrganismos desnitrificadores (Dai *et al.*, 2020). O pH pode moldar a comunidade microbiana: na faixa de pH entre 6,0 e 8,0, as bactérias desnitrificantes crescem melhor, enquanto é lenta em pH menor que 5,0 e quase ausente em pH menor que 4,0 (Moreira e Siqueira, 2006). Com isso, o aumento do pH pela calagem aumenta as taxas de desnitrificação (Liu *et al.*, 2010).

A desnitrificação é a principal via de perda do N do solo para a atmosfera (N_2O e N_2), a emissão de N_2O pode ter sérias consequências ambientais, o gás de efeito estufa (GEE) tem potencial de absorção de calor 300 vezes maior que o CO_2 (Cavigelli *et al.*, 2012). Além disso, perder N por desnitrificação reduz a eficiência da adubação nitrogenada e aumenta a necessidade de compra de fertilizantes, sendo custoso para o agricultor (Aneja *et al.*, 2012).

A desnitrificação é uma etapa importante do ciclo do nitrogênio, que é fortemente aumentada pelas práticas agrícolas, como adição de fertilização nitrogenados, correção de pH do solo pela calagem e revolvimento do solo, que, em longo prazo, aumenta a compactação dos solos. Devido a isso, é importante o engenheiro agrônomo ao instruir os agricultores a adotarem práticas que mantenham a porosidade do solo, como o plantio direto, fazer rotação de culturas com espécies leguminosas que fixam N, reduzindo a demanda por fertilização nitrogenada, e manter a cobertura do solo para controlar o efeito de temperatura na desnitrificação.

8.6 Emissão de GEE a partir do nitrogênio

A desnitrificação do nitrogênio em solos evolui cerca de 166 Tg de N por ano, sendo que, destes, cerca de 153 Tg são de N_2, e 13 Tg N_2O (Scheer *et al.*, 2020). O óxido nitroso (N_2O) é um gás de efeito estufa, que gera muita preocupação pelo seu elevado potencial de aquecimento, sendo de 265 a 298 vezes maior que o CO_2 (IPCC, 2013), e a agricultura é a responsável por 60% das emissões de óxido nitroso (Stocker *et al.*, 2013).

O N_2O é proveniente do processo de respiração anaeróbica, em que os microrganismos utilizam NO_3 ou NO_2 como aceptor de elétrons em vez de O_2, sendo que apenas 5% das bactérias do solo conhecidas são capazes de realizar esse processo (Van Elsas *et al.*, 2019).

As condições dos ambientes moldam o produto da desnitrificação, alterando a relação N_2O/N_2, sendo mais interessante reduzir N_2O/N_2, reduzindo a proporção de N_2O, gás de efeito estufa, por N_2, que é inerte (Fungo *et al.*, 2019). A presença de oxigênio e saturação dos espaços porosos do solo por água, que reflete no potencial redox dos solos, favorece a produção de N_2O (Dalal *et al.*, 2003). A desnitrificação pode ocorrer em uma ampla faixa de temperatura que varia de 5 °C a 40 °C (Signor e Cerri, 2013).

O pH do solo é um dos principais preditores da desnitrificação (Sun *et al.*, 2012). O aumento do pH do solo pela calagem aumenta a capacidade dos desnitrificadores reduzirem N_2O a N_2, reduzindo a emissão de N_2O (Abdalla *et al.*, 2022). O conteúdo de carbono orgânico no solo é fonte de energia para bactérias e fungos desnitrificadores. Sendo assim, quanto maior a concentração de carbono solúvel na solução do solo, maior a emissão de N_2O (Vieira, 2017).

A aplicação de nitrogênio por meio da adubação nitrogenada aumenta a concentração de NO_3^- e NH_4^+, e o carbono solúvel aumenta a desnitrificação, principalmente na forma de N_2O. A aplicação de elevadas doses de N, por meio de adubos minerais, não é uma alternativa inteligente, pois, além do gasto econômico, boa parte do nitrogênio é perdido pela desnitrificação, principalmente na forma N_2O, tornando a prática ineficiente (Hassan *et al.*, 2022).

A agricultura pode contribuir para a mitigação do nitrogênio e reduzir a emissão. Além disso, práticas de manejo agrícola, como o plantio direto, podem reduzir em até 50% a emissão de N_2O (Abalos *et al.*, 2022a). A emissão de N_2O é maior em solos adubados com ureia, quando comparado com solos adubados com fertilizantes orgânicos, devido a uma menor concentração de nitrogênio na forma mineral. Com isso, a desnitrificação é mais lenta (Abalos *et al.*, 2022b).

8.7 Fixação biológica do nitrogênio

A fixação biológica do nitrogênio (FBN) consiste na redução do N_2 presente de forma abundante na atmosfera (não disponível para as plantas) e a amônia (NH_3), que, em equilíbrio com o oxigênio, forma amônio (NH_4^+), que é assimilável pelas plantas (Kawaka, 2022). Esse processo é catalisado pelo complexo enzimático nitrogenase, formado por duas proteínas: uma dinitrogenase-redutase e uma de ferro-molibdênio dinitrogenase.

A primeira reduz o N_2 e a segunda transforma N em NH_3, conforme a reação abaixo:

$$N_2 + 8H^+ + 8e^- + 16ATP \rightarrow 2NH_3 + H_2 + 16ADP + 16Pi$$

Para quebrar uma ligação tripla do $N \equiv N$, são necessárias 16 ATPs. Esse gasto energético é alto, levando em consideração que ao final da cadeia respiratória são geradas cerca de 36 ATPs. Isso explica o pequeno grupo de bactérias que conseguem realizar esse processo. As bactérias fixadoras de N trabalham de forma anaeróbia para proteger a nitrogenase que é degradada em presença de O_2, mas obtém energia pela respiração aeróbica. Em resumo, o processo de fixação biológica de N é anaeróbico, mas as bactérias conseguem energia de forma aeróbica.

A FBN ocorre de forma simbiótica, associativa e associativa de vida livre, como será descrito dos próximos tópicos.

8.7.1 Fixação biológica do nitrogênio: tipo simbiótica

A simbiose se inicia por meio da comunicação quimiotáxica entre plantas (leguminosas) e bactérias do tipo rizóbios (Figura 23). As leguminosas liberam flavonoides pelas raízes, que são reconhecidos pelas bactérias e ativam os genes *nod*. A expressão desses genes induz a modificações nas raízes, que encurvam os pelos radiculares, abrangendo as bactérias, levando a formar um cordão de infecção, o qual avança até o córtex radicular e induz a alterações morfológicas visíveis a olho nu – os nódulos (Figura 23).

A obtenção de oxigênio no interior dos nódulos formados nas raízes é possível graças à proteína leg-hemoglobina produzida nas raízes de plantas leguminosas. Similar à hemoglobina presente no sangue, a leg-hemoglobina tem a função de transportar oxigênio para as bactérias fixadoras de N realizarem a respiração aeróbica em meio anaeróbico (Singh e Varma, 2017).

Figura 23: Estabelecimento da simbiose entre leguminosas e rizóbios

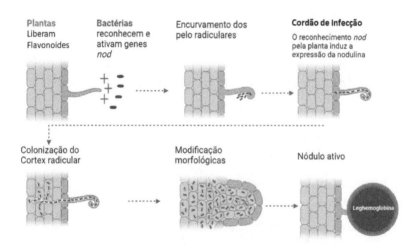

Fonte: elaborado pelos autores no BioRender – versão gratuita (2024).

O complexo enzimático nitrogenase é encontrado em bactérias e arqueas especializadas. São conhecidos três tipos de nitrogenases (molibdênio-dependente, vanádio-dependente e apenas ferro-dependente), sendo a molibdênio (MoFe) a mais abundante (Huang et al., 2021). O processo da redução de N_2 a NH_3 ocorre por etapas. Primeiro a proteína-Fe fornece elétrons à proteína catalítica MoFe. Após a transferência de elétrons, ocorre a hidrólise das ATPs associadas à proteína-Fe (Seefeldf et al., 2018). De forma simplificada a proteína-Fe fornece o poder redutor, e a FeMo utiliza o potencial redutor, os ATPs, e, com isso, transforma o N_2 em NH_3 (Cardoso e Andreote, 2016).

Microrganismos que formam os nódulos nas raízes de leguminosas são conhecidos como rizóbios, que são bactérias pertencentes ao filo *Proteobacteria*. Sendo os principais gêneros: *Azorhizobium, Bradyrhizobium, Burkholderia, Cupriavidus, Sinorhizobium, Mesorhizobium, Rhizobium* e *Sinorhizobium* (Poole *et al.*, 2018). Na figura abaixo (Figura 24), é possível visualizar a formação de nódulos nas raízes de trevo e o interior avermelhado de um nódulo ativo.

Figura 24: Simbiose entre leguminosa e rizóbios, exterior e interior de um nódulo

Fonte: elaborado pelos autores (2024).

Outro tipo de associação simbiótica é realizado pelo gênero de bactérias do gênero *Frankia* (filo *Actinobacteria*), com plantas dos grupos pertencentes às rosáceas, cucurbitáceas e outras, também conhecida como *Actinorhiza* (Sellstedt e Richau, 2013). As actinobactérias apresentam características similares às dos fungos, como produção de micélios e esporos (Barka *et al.*, 2016). Assim como a associação entre leguminosas e proteobacterias, as actinobactérias utilizam o complexo nitrogenase para reduzir N_2 a NH_3, e protegem o sítio ativo da presença de N em nódulos ou em vesícula (Krumholz *et al.*, 2003). Contudo esses organismos também estabelecem fixação biológica de N de forma associativa e de vida livre (Schwintzer, 2012).

8.7.2 Fixação biológica do nitrogênio: tipo associativa

Na fixação biológica de N do tipo associativa, as bactérias envolvidas fixam nitrogênio sem estabelecer simbiose e/ou formar nódulos. Ou seja, colonizam a rizosfera das plantas, habitando a endorrizosfera ou de forma não endofítica, permanecendo na ectorrizosfera. Entretanto, o princípio é o mesmo, reduzir N atmosférico a amônia, por meio do complexo enzimático nitrogenase (Cassetari, Gomes e Silva, 2016).

Na FBN associativa de vida livre, a planta recebe nitrogênio transformado pelas bactérias disponíveis para absorção e retribui o trabalho das bactérias com moléculas carbonadas obtidas da fotossíntese. A FBN associativa é menos específica que a simbiótica, sendo realizada por grupos distintos de bactérias e plantas.

Vários grupos de bactérias realizam a FBN associativa. Entre eles, estão os gêneros *Azospirillum* e *Azotobacter* e os membros do filo das cianobactérias.

O gênero *Azospirillum brasilense* já é encontrado em inoculantes comerciais, e é utilizado principalmente para inoculação em gramíneas como milho (Fukani *et al.*, 2016), cana-de-açúcar (Scudeletti *et al.*, 2023) e pastagens (Hungria, Nogueira e Araujo, 2016).

Do gênero *Azotobacter,* são descritas 7 espécies que possuem genes relacionados à FBN: *A. croococcum, A. armeniacus, A. beijerinckii, A. paspali, A. salinestris, A. nigricansand* e *A. vinelandii* (Nongthombam *et al.*, 2021). Alguns autores destacam que a inoculação de sementes com *Azotobacter* pode fixar de 10 a 20 kg de N por hectare (Kader *et al.*, 2002; Gosal *et al.*, 2012).

As cyanobacterias são fotoautotróficas – ou seja, realizam a fotossíntese – são comuns em oceanos, mas também fazem parte da biodiversidade do solo (Gaysina, Saraf, Singh, 2019). Esses microrganismos formam colônias e heterocistos, onde alocam o complexo enzimático nitrogenase para proteger o sítio da presença de O_2. A energia necessária para manter heterocisto é obtida de fotoassimilados próprios ou derivados de exsudatos de plantas (Stal, 2015). Em cultivos de arroz, estima-se que as cyanobacterias possam contribuir com cerca de 4 kg de N por hectare (Vaishanrpayan *et al.*, 2001; Singh, Khattar e Ahluwalia, 2014).

8.8   Outras formas de fixação de nitrogênio

8.8.1   Síntese industrial (processo químico)

O processo industrial de Haber-Bosch é uma redução do N atmosférico de forma industrial. Os estudos foram iniciados em meados dos anos 1840 pelo químico alemão Fritz Haber, e chegaram à efetividade com o auxílio do engenheiro metalúrgico

Carl Bosch (Ribeiro, 2013). A fórmula do processo de Haber-Bosch segue abaixo:

$$N_2 + 3H_2 \leftrightarrow 2NH_3$$

Após isso, esse processo foi acoplado à síntese da ureia, por meio da síntese da amônia com o gás carbônico em alta pressão e temperatura (Chen, He e Whang, 2021), conforme a fórmula:

$$2NH_3 + CO_2 \leftrightarrow NH_2COONH_4 \leftrightarrow (NH_2)_2CO + H_2O$$

A transformação industrial de nitrogênio atmosférico a nitrogênio assimilável pelas plantas foi importante para a expansão agrícola, até o cenário atual.

8.8.2 Eventos ionizantes (processo físico)

Eventos ionizantes, ou o que conhecemos por raios e trovões, contêm energia suficiente para quebrar a tripla ligação estável de N_2, transformando para formas nítricas (NO_x). O aumento de N na forma nítrica, principalmente NO_3, gera ácido nítrico (HNO_3) (Neuenswander e Melott, 2015). Esse processo não é relevante em termos agrícolas, mas faz parte da evolução do ciclo do nitrogênio. Evidências sugerem que, no início da atmosfera terrestre, o ambiente era quente, e ocorriam muitos eventos ionizantes, possibilitando transformação do N para formas nítricas (NO, NO_2 e NO_3) (Canfield, Glazer e Falkowski, 2010).

8.9 Aplicações da FBN na agricultura

No Brasil os inoculantes disponíveis no mercado são compostos por *Bradyrhizobium japonicum* (Kaschuk, 2010). O uso de inoculantes diminui a necessidade de gastos com a fertilização nitrogenada e diminui a emissão de carbono resultante da mineralização da ureia no solo (Hungria e Mendes, 2015). O uso de inoculantes microbianos na cultura da soja foi um grande passo ao encontro do aumento da produção de soja brasileira, aliado a maior rendimento econômico para os agricultores e sustentabilidade agrícola.

Os inoculantes comerciais são soluções líquidas contendo milhões de células bacterianas viáveis por mL^{-1} (2 a $5x10^8$), em que as sementes são umedecidas com o inoculante em um tambor ou betoneira e semeadas em um período de até 24 horas.

Referências

ABALOS, D.; RECOUS, S.; BUTTERBACH-BAHL, K.; DE NOTARIS, C.; RITTL, T. F.; TOPP, C. F.; OLESEN, J. E. *A review and meta-analysis of mitigation measures for nitrous oxide emissions from crop residues.* Science of the Total Environment, 2022. 828, 154388.

ABALOS, D.; RITTL, T.F.; RECOUS, S.; THIÉBEAU, P.; TOPP, C.F.E.; VAN GROENIGEN, K.J.; BUTTERBACHBAHL, K.; THORMAN, R.E.; SMITH, K.E.; AHUJA, I.; OLESEN, J.E.; BLEKEN, M.A.; REES, R.M.; HANSEN, S. *Predicting field N_2O emissions from crop residues based on their biochemical composition*: a meta-analytical approach. Sci. Total Environ, 2022. 812, 152352.

ABDALLA, M.; ESPENBERG, M.; ZAVATTARO, L.; LELLEI-KOVACS, E.; MANDER, U.; SMITH, K.; THORMAN, R.; DAMATIRCA, C.; SCHILS, R.; TENBERGE, H.; NEWELL-PRICE, P.; SMITH, P. *Does liming grasslands increase biomass productivity without causing detrimental impacts on net greenhouse gas emissions?* Environmental pollution (Barking, Essex: 1987), 300, 118999, 2022.

ANEJA, V. P., SCHLESINGER, W. H., LI, Q., NAHAS, A., & BATTYE, W. H. *Characterization of atmospheric nitrous oxide emissions from global agricultural soils.* SN Applied Sciences, 2019. 1-11 p. v. 1.

BARKA, E. A.; VATSA, P.; SANCHEZ, L.; GAVEAU-VAILLANT, N.; JACQUARD, C.; KLENK, H. P; VAN WEZEL, G. P. (2016). *Taxonomy, physiology, and natural products of Actinobacteria.* Microbiology and molecular biology reviews, 2016. 80(1), 1-43 p.

CANFIELD, D. E., GLAZER, A. N., & FALKOWSKI, P. G. *The evolution and future of Earth's nitrogen cycle.* Science, 2010. 330(6001). 192–196 p.

CASSETARI, A.S.; GOMEZ, S.P.M.; SILVA, M.C.P. *Fixação biológica de nitrogênio associativa e de vida livre - Microbiologia do solo.* In: CARDOSO, Elke Jurandy Bran Nogueira; ANDREOTE, Fernando Dini. *Microbiologia do Solo.* Esalq, 2016.

CAVIGELLI, M. A., GROSSO, S. J. D., LIEBIG, M. A., SNYDER, C. S., FIXEN, P. E., VENTEREA, R. T., WATTS, D. B. (2012). *US agricultural nitrous oxide emissions: context, status, and trends.* Frontiers in Ecology and the Environment, 2012. 10(10). 537-546 p.

CHEN, C.; HE, N.; WANG, S. *Electrocatalytic C–N coupling for urea synthesis.* Small Science, 1(11), 2100070, 2021.

CHEN, T.; ZHANG, Y.; XIA, M.; WANG, Q. *Soil properties and functional genes in nitrogen removal process of bioretention.* Environmental technology, 2023. 1–16 p. Advance online publication.

DA COSTA MENDES, W., JÚNIOR, J. A., DA CUNHA, P. C. R., DA SILVA, A. R., EVANGELISTA, A. W. P., & CASAROLI, D. *Lixiviação de nitrato em função de lâminas de irrigação em solos argiloso e arenoso.* Irriga, 1(2), 47-56, 2015.

DAI, Z., YU, M., CHEN, H., ZHAO, H., HUANG, Y., SU, W., XIA, F., CHANG, S. X., BROOKES, P. C., DAHLGREN, R. A., & XU, J. *Elevated temperature shifts soil N cycling from microbial immobilization to enhanced mineralization, nitrification and denitrification across global terrestrial ecosystems.* Global change biology, 26(9). 5267–5276, 2020.

DALAL, R. C.; WANG, W.; ROBERTSON, G. P.; PARTON, W. J. *Nitrous oxide emission from Australian agricultural lands and mitigation options*: a review. Soil Research, 41(2), 165-195, 2003.

DIAS, A.C.F. Transformações do Nitrogênio no solo. In: Cardoso, E. J. B. N.; Andreote, F. D. *Microbiologia do Solo.* 2. ed. Piracicaba: ESALQ, 2016.

FUKAMI, J.; NOGUEIRA, M.A.; ARAUJO, R.S.; HUNGRIA, M. *Accessing inoculation methods of maize and wheat with Azospirillum brasilense.* AMB Expr 6, 3, 2016.

FUNGO, B.; CHEN, Z.; BUTTERBACH-BAHL, K.; LEHMANNN, J.; SAIZ, G.; BRAOJOS, V.; DANNENMANN, M. *Nitrogen turnover and N2O/N2 ratio of three contrasting tropical soils amended with biochar.* Geoderma, 348, 12-20, 2019.

GAYSINA, L. A.; SARAF, A.; SINGH, P. Cyanobacteria in diverse hábitats. In *Cyanobacteria* 1-28 p. Academic Press, 2019.

GLENN, D.; KRUMHOLZL, M., S.; CHVAL, M. J.; MCBRIDE, TISA, M.L.S. Germination and physiological properties of Frankia spores, Plant and Soil 254: 57-67 p. 2003. In: *Frankia Symbiosis, conference*. Springer, 2003.

GUI, H., GAO, Y., WANG, Z., SHI, L., YAN, K., & XU, J. *Arbuscular mycorrhizal fungi potentially regulate N2O emissions from agricultural soils via altered expression of denitrification genes*. Science of the Total Environment, 774, 145133, 2021.

HASSAN, M. U.; AAMER, M.; MAHMOOD, A.; AWAN, M. I.; BARBANTI, L.; SELEIMAN, M. F.; HUANG, G. *Management strategies to mitigate N_2O emissions in agriculture*. Life, 12(3), 439, 2020.

HAYATSU, M.; TAGO, K.; SAITO, M. *Various players in the nitrogen cycle: diversity and functions of the microorganisms involved in nitrification and denitrification*. Soil Science and Plant Nutrition, 54(1), 33-45, 2008.

HUANG, Q.; TOKMINA-LUKASZEWSKA, M.; JOHNSON, L. E.; KALLAS, H.; GINOVSKA, B.; PETERS, J. W.; RAUGEI, S. *Mechanical coupling in the nitrogenase complex*. PLoS Computational Biology, 17(3), e1008719, 2021.

HUNGRIA, M.; MENDES, I. C. *Nitrogen fixation with soybean*: the perfect symbiosis? Biological nitrogen fixation, 1009-1024, 2015.

HUNGRIA, M.; NOGUEIRA, M. A.; ARAUJO, R. S. *Inoculation of Brachiaria spp. with the plant growth-promoting bacterium Azospirillum brasilense*: an environment-friendly component in the reclamation of degraded pastures in the tropics. Agriculture, Ecosystems & Environment, 221, 125-131, 2016.

IPCC. Climate change 2013. *The physical science basis*. Working group I contribuiton to the fifth assessment report of the Intergovernmental Panel on Climate Change. Chapter 8: Anthropogenic and natural radiative forcing. Intergovernmental Panel on Climate Change, 2013.

KADER, M.A.; MIAN, M.H.; HOQUE, M.S. *Effects of Azotobacter inoculant on the yield and nitrogen uptake by wheat*. Online Journal of Biological Sciences, 2(4): 259–261, 2002.

KASCHUK, G.; HUNGRIA, M.; LEFFELAAR, P. A.; GILLER, K. E.; KUYPER, T. W. *Differences in photosynthetic behaviour and leaf senescence of soybean* (Glycine max [L.] Merrill) dependent on N2 fixation or nitrate supply. Plant biology (Stuttgart, Germany), 12(1), 60–69, 2010.

KAWAKA F. *Characterization of symbiotic and nitrogen fixing bacteria*. AMB Express, 12(1), 99, 2022.

LIU, B.; MØRKVED, P. T.; FROSTEGÅRD, A.; BAKKEN, L. R. *Denitrification gene pools, transcription, and kinetics of NO, N2O and N2 production as affected by soil pH.* FEMS microbiology ecology, 72(3), 407–417, 2010.

MOREIRA, F. M. S.; SIQUEIRA, J. O. *Microbiologia e Bioquímica do Solo.* Lavras: UFLA, 2006.

NEUENSWANDER, B.; MELOTT, A. *Nitrate deposition following an astrophysical ionizing radiation event.* Advances in Space Research, 55(12), 2946-2949, 2015.

NONGTHOMBAM, J.; KUMAR, A.; SHARMA, S.; AHMED, S. *Azotobacter*: a complete review. Bull. Env. Pharmacol. Life Sci, 10, 72-79, 2021.

PHILIPPOT, L.; HALLIN, S.; SCHLOTER, M. *Ecology of denitrifying prokaryotes in agricultural soil.* Adv Agron, 96, 249–305, 2007.

POOLE, P.; RAMACHANDRAN, V.; TERPOLILLI, J. *Rhizobia*: from saprophytes to endosymbionts. Nat Rev Microbiol, 16, 291–303, 2018.

POTGIETER, S. C., DAI, Z., VENTER, S. N., SIGUDU, M., & PINTO, A. J. *Microbial Nitrogen Metabolism in Chloraminated Drinking Water Reservoirs.* mSphere, 5(2), e00274-20, 2020.

RIBEIRO, Daniel. *Processo de Haber-Bosch.* 1. ed. Revista de Ciência Elementar, 2013. v. 1.

SCUDELETTI, D.; CRUSCIOL, C. A. C.; MOMESSO, L.; BOSSOLANI, J. W.; MORETTI, L. G.; DE OLIVEIRA, E. F.; HUNGRIA, M. *Inoculation with Azospirillum brasilense as a strategy to enhance sugarcane biomass production and bioenergy potential.* European Journal of Agronomy, 144, 126749, 2023.

SCHEER, C.; FUCHS, K.; PELSTER, D. E.; BUTTERBACH-BAHL, K. *Estimating global terrestrial denitrification from measured N2O:(N2O+ N2) product ratios.* Current Opinion in Environmental Sustainability, 47, 72-80, 2020.

SCHWINTZER, C. R. *The biology of Frankia and actinorhizal plants.* 1. ed. Academic Press, 2012.

SEEFELDT, L. C.; HOFFMAN, B. M.; PETERS, J. W.; RAUGEI, S.; BERATAN, D. N.; ANTONY, E.; DEAN, D. R. *Energy transduction in nitrogenase.* Accounts of chemical research, 51(9), 2179-2186, 2018.

SELLSTEDT, A.; RICHAU, K. H. *Aspects of nitrogen fixing Actinobacteria, in particular free-living and symbiotic Frankia.* FEMS Microbiology Letters, *342*(2), 179-186, 2013.

SIGNOR, D.; CERRI, C. E. P. *Nitrous oxide emissions in agricultural soils*: a review. Pesquisa Agropecuária Tropical, 43, 322-338, 2013.

SINGH, H.; KHATTAR, J. S.; AHLUWALIA, A. S. *Cyanobacteria and agricultural crops*. Vegetos, 27(1), 37-44, 2014.

SINGH, S.; VARMA, A. *Structure, function, and estimation of leghemoglobin*. Rhizobium biology and biotechnology, 309-330, 2017.

STEIN, L. Y., & KLOTZ, M. G. *The nitrogen cycle. Current biology*: CB, 26(3), R94–R98, 2016. https://doi.org/10.1016/j.cub.2015.12.021

STOCKER, T.F.; QIN, D.; PLATTNER, G.-K.; TIGNOR, M.; ALLEN, S.K.; BOSCHUNG, J.; NAUELS, A.; XIA, Y.; BEX, V.; MIDGLEY, P.M. *Climate Change 2013*: The Physical Science Basis: Working Group I Contribution To The Fifth Assessment Report Of The Intergovernmental Panel On Climate Change. Cambridge University, UK; New York, NY, USA, 2014. Disponível em: https://www.ipcc.ch/site/assets/uploads/2018/02/WG1AR5_Chapter08_FINAL.pdf . Acessado em 28 de agosto de 2023.

VAISHANRPAYAN, A.; SINHA, R.P.; HADE, D.P.; DEY, T.; GUPTA, A.K.; BHAN, U.; RAO, A.L. *Cyanobacterial biofertilizers in rice agriculture*. Bot Rev, 67:453-516, 2001.

VAN ELSAS, J.D.; TREVORS, T.J.; ROSADO, A.S.; NANNIPIERI, P. *Modern soil microbiology*. 3 rd edition. New York: CRC Press.2019. 501p.

VERESOGLOU, S. D.; CHEN, B.; RILLIG, M. C. *Arbuscular mycorrhiza and* VERESOGLOU, S.D.; VERBRUGGEN, E.; MAKAROVA, O. *et al. Arbuscular Mycorrhizal Fungi Alter the Community Structure of Ammonia Oxidizers at High Fertility via Competition for Soil NH4+*. Microb Ecol, 78, 147–158, 2019. *soil nitrogen cycling*. Soil Biology and Biochemistry, 46, 53-62, 2012.

VIEIRA, R. F. *Ciclo do nitrogênio em sistemas agrícolas*. Embrapa, 2017.

WURST, S.; DEYN, G.B,D.; ORWIN, K. Soil Biodiversity and Functions. In: WALL, D. *Soil ecology and Ecosystem services*. Oxford, 2012.

9. TRANSFORMAÇÕES MICROBIANAS DO CARBONO NO SOLO

Daniela Tomazelli, Thiago Ramos Freitas, Osmar Klauberg-Filho e Dennis Góss-Souza

9.1 Introdução

O carbono é a estrutura básica de qualquer molécula orgânica, tanto fazendo parte da estrutura da célula tanto como componente das membranas e paredes celulares, ou em compostos relacionados ao metabolismo (enzimas). A matriz energética ou conjunto de energia disponível evolui junto com a humanidade. Nesse contexto fica exposta a importância do carbono, que é componente das principais bases energéticas, assim como os combustíveis fósseis formados por hidrocarbonetos (CH_4, C_4H_{10}, C_8H_{18}), madeira e carvão.

A relevância do carbono no solo está intrinsecamente ligada às características que esse elemento confere, envolvendo aspectos da estrutura física e sua associação com minerais do solo. Além disso, certos compostos de carbono, produzidos por fungos, atuam como uma espécie de cola, promovendo a agregação das partículas do solo e, consequentemente, aprimorando sua porosidade. As transformações relacionadas ao carbono no solo não apenas otimizam a infiltração e o armazenamento de água, mas também aumentam a disponibilidade de nutrientes, contribuindo para uma maior qualidade biológica. Em termos práticos, essa dinâmica será abordada no contexto da matéria orgânica do solo (MOS).

9.2 Ciclo do carbono

O ciclo biogeoquímico do carbono é considerado aberto, o que implica que esse elemento flui entre o solo e a atmosfera (Roscoe; Mercante e Salton, 2006). A continuidade desse ciclo é viabilizada pela habilidade das plantas em fixar o carbono, absorvendo o CO_2 da atmosfera e transformando-o em glicose, essencial para seu metabolismo e estruturação celular. O carbono presente na estrutura da planta é referido como carbono orgânico, e, quando a planta atinge o estágio de senescência, esse carbono é aproveitado por microrganismos e utilizado nos seus processos metabólicos, para, por fim, ser excretado na forma de açúcares, que serão absorvidos pelas raízes das plantas ou convertido a CO_2, retornando à atmosfera, estando passível de ser assimilado novamente por meio do processo fotossintético.

9.2.1 Fases do ciclo do carbono

O ciclo do carbono se inicia com a fase de **fixação**, em que as plantas e cianobactérias, que habitam águas doces e o solo (Hirsch, 2019), por meio da fotossíntese, assimilem o CO_2 atmosférico, luz e água e produzam glicose. Essa transformação é possibilitada pela enzima ribulose-1,5-bifosfato-carboxilase (RuBisCO), que captura o carbono presente no ar e o reduz a uma molécula composta por 3 átomos de carbono, o 3-ácido fosfoglicérico (3-PGA), para então dar início ao ciclo de Calvin (Blankenship, 2010; Tamoi *et al.*, 2005).

Na fase de **regeneração**, o carbono fixado pelas plantas é transformado quando restos vegetais são depositados no solo, fragmentados por organismos da fauna e decomposto devido à atividade de fungos e bactérias, retornando ao estado gasoso para posteriormente ser absorvido pelas plantas.

9.2.2 Estoques de carbono

Apesar de o carbono estar presente em todos os estratos terrestres, a maior parte é encontrada na litosfera (75.000 Gt[1]), seguida pelo estoque contido em oceanos (38.000 Gt), na forma de combustíveis fósseis (4.130 Gt) (Moreira e Siqueira, 2006) e em menor proporção no conjunto solo e vegetação, com 2.477 Gt. Dessa quantidade, o solo abriga 2.011 Gt, enquanto a vegetação tem 466 Gt (Machado, 2005).

Os ecossistemas representam estoques de carbono com padrões variados entre solo e vegetação. Em florestas tropicais, o carbono no solo equivale ao da vegetação (solo = 216 Gt; vegetação = 212 Gt). Já em florestas boreais, o estoque de carbono no solo é cinco vezes maior que na vegetação (solo = 471 Gt; vegetação = 88 Gt). Um padrão semelhante ocorre em florestas temperadas (solo = 100 Gt; vegetação = 59 Gt). Já em terras agrícolas, o balanço do ciclo biogeoquímico é prejudicado devido à diminuição do estoque pela colheita, que não é necessariamente acompanhada pela entrada de material orgânico ou pela decomposição da matéria vegetal remanescente (solo = 128 Gt; vegetação = 3 Gt) (Machado, 2005).

9.2.3 Dinâmica do carbono no solo

O carbono atravessa três processos fundamentais: fixação do CO_2 durante a fotossíntese, decomposição do material vegetal ou animal por lise molecular, levando à formação de húmus, e mineralização com a liberação de CO_2. Durante esse ciclo, o carbono transita por diferentes compartimentos, inicialmente integrando estruturas vivas, como células vegetais e microbianas (carbono orgânico). Posteriormente, ocorre a senescência ou

---

1   Gt= 10^9 ton = 10^{12} Kg = 10^{15}g

morte desses organismos, liberando carbono em frações lábeis (aminoácidos e carboidratos) e pouco lábeis (lignina e hemicelulose). A transformação da fração pouco lábil culmina na formação de substâncias húmicas (conforme ilustrado na Figura 25).

Figura 25: Dinâmica da ciclagem do carbono

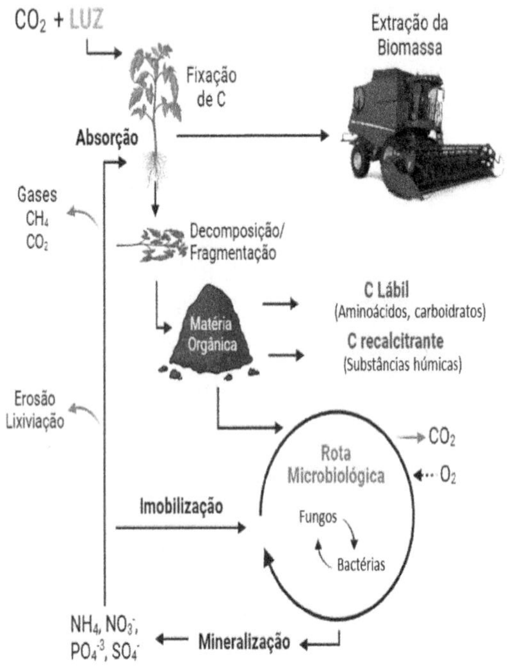

Fonte: elaborado pelos autores no BioRender – versão gratuita (2024).

O fluxo de carbono no sistema solo-planta-atmosfera é influenciado, principalmente, por reações de oxirredução. As reações de redução englobam a fotossíntese e outras formas de síntese de compostos orgânicos a partir de moléculas de CO_2, sendo consideradas formas de dreno de carbono ou vias de sequestro (Moreira e Siqueira, 2006). Por outro lado, os processos de oxidação estão associados à degradação de compostos orgânicos, incluindo a respiração de plantas, animais e microrganismos, e a fermentação e produção de metano. Essas reações liberam CO_2 e são denominadas vias de emissão ou fontes de carbono.

A qualidade e quantidade do material vegetal depositado sobre o solo (serrapilheira) ditam o rumo dos fluxos de carbono e regulam a disponibilidade de outros nutrientes, como o nitrogênio e fósforo. A qualidade do material vegetal é determinada pelas moléculas que o constituem (celulose, hemicelulose, lignina, carboidratos simples, proteínas, aminoácidos etc.) e pela sua relação entre os teores de carbono com os demais macronutrientes (C:N e C:P).

A celulose, sendo o componente mais abundante nas células vegetais, é composta por cadeias de glicose e varia em proporção entre diferentes espécies vegetais. Essa substância é degradada por microrganismos por intermédio de enzimas específicas conhecidas como celulases, presentes em filos bacterianos como *Firmicutes, Actinobacteria, Proteobacteria* e *Bacteroidetes* (López-Mondéjar *et al.*, 2016). Já a lignina é o polímero mais resistente ao ataque microbiano. Sua estrutura complexa é formada por anéis aromáticos, e a sua decomposição ocorre graças a enzimas como lacases e peroxidases, predominantemente produzidas por fungos.

No solo, a lignina e seus derivados são importantes precursores das substâncias húmicas (ácidos fúlvicos, ácidos húmicos e huminas) (Rasmussen; Sørensen e Meyer, 2014). Essas moléculas têm uma longa permanência no solo e contribuem para a preservação e estocagem do carbono. Além disso, elas melhoram diversos atributos do solo, incluindo a agregação, aeração e retenção de água. As substâncias húmicas também atuam como agentes de complexação de moléculas nocivas e constituem um reservatório de macro e micronutrientes.

A relação entre os teores de carbono e nitrogênio (C:N) ou carbono e fósforo (C:P) são fundamentais para a compreensão dos processos de decomposição, imobilização e mineralização da matéria orgânica presente no solo (Tabela 4). Isto porque essas relações ditam a magnitude do aproveitamento dos nutrientes pelos microrganismos. Uma relação C:N baixa (< 20:1) indica que a matéria orgânica é mais facilmente decomposta, pois fornece aos microrganismos a proporção de nitrogênio adequada para a síntese proteica. No entanto, uma relação elevada (> 30:1), pode culminar na imobilização do nitrogênio, reduzindo a sua disponibilidade às plantas. Assim como o nitrogênio, a relação C:P baixa (< 200:1) indica uma matéria orgânica mais prontamente decomponível, ao passo que, em proporções mais elevadas (> 300:1), pode levar a imobilização do fósforo. Portanto, entender e gerenciar as relações C:N e C:P, na matéria orgânica do solo, é crucial para otimizar os processos de decomposição, imobilização e mineralização, garantindo a disponibilidade adequada de nutrientes para as plantas e a saúde geral do solo.

Tabela 4: Relação entre a qualidade da serrapilheira e a influência das razões C:N e C:P na mineralização e imobilização

Qualidade serrapilheira	Relação		Imobilização (I)/ Mineralização (M)	Disponibilidade de nutrientes
	C:N	C:P		
Pobre	>30:1	>300:1	I > M	Diminuída
Intermediário	20-30:1	200-300:1	I = M	Não alterada
Rico	<20:1	<200:1	I < M	Aumentada

Fonte: adaptado de Moreira e Siqueira (2006).

O solo contém uma composição variada, sendo constituído por 46% de conteúdo mineral, 25% de água, 25% de ar e 4% de matéria orgânica. Dentro dessa fração relativamente pequena de matéria orgânica, encontra-se 98% do carbono orgânico disponível para os processos de mineralização. Deste teor, cerca de 5% compreendem a matéria orgânica viva, composta em sua maioria pela biomassa microbiana (algo entre 60 e 80%) (Moreira e Siqueira, 2006). A Figura 26 ilustra a composição da biomassa do solo.

O carbono da biomassa microbiana é a fração de carbono presente nos microrganismos, e é representada por fungos e bactérias (102 a 104 µg C microbiano por g solo), por arqueas (100 a 102 µg C microbiano por g solo) e, em menor proporção, por vírus e protozoários (10-2 a 100 µg C microbiano por g solo) (Fier, 2017).

Figura 26: Composição do solo e da matéria orgânica (MO)

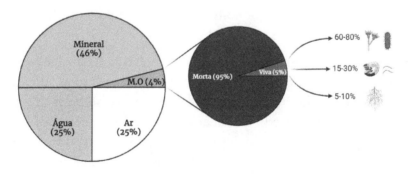

Fonte: elaborado pelos autores no BioRender – versão gratuita (2024).

9.3 Agricultura e efeitos nos fluxos de carbono

As práticas agrícolas exercem influência significativa sobre o ciclo do carbono, sua retenção no solo e as emissões para a atmosfera. Especialmente, as técnicas convencionais de preparo do solo, como a aração e a gradagem, desempenham um papel crucial ao incorporarem resíduos vegetais e exporem o solo, promovendo assim a oxidação da matéria orgânica (Bhattacharyya *et al.*, 2022).

No contexto dos solos tropicais, o sistema de plantio direto (SPD) surge como uma alternativa altamente eficaz na preservação do carbono no solo. O SPD mantém a estabilidade dos agregados do solo, protegendo a matéria orgânica e sustentando a vida microbiana, resguardando, desse modo, o carbono no ecossistema (Conceição; Dieckow e Bayer, 2013). Uma das vantagens notáveis do SPD reside na considerável quantidade de carbono presente na biomassa microbiana em comparação com pastagens, indicando uma presença significativa de organismos ativos aptos a realizarem a mineralização de nutrientes, contribuindo assim para o aumento da fertilidade do solo (Bröring *et al.*, 2023).

Os sistemas agrícolas comumente apresentam baixa diversidade vegetal, predominantemente constituída por monocultivos. Esta redução da diversidade vegetal acima do solo resulta na diminuição da variedade de carboidratos disponíveis para os microrganismos, ocasionando modificações na estrutura da comunidade microbiana, sua funcionalidade e atividade. Em longo prazo, essas alterações afetam o potencial de estocagem de carbono no solo. No estudo conduzido por Lange *et al.* (2015), foi constatado que a associação de gramíneas e leguminosas contribui para o aumento da reserva de carbono em solos de pastagem.

Além do sistema de plantio direto (SPD), que se concentra na manutenção da cobertura do solo, é fundamental combinar estratégias de manejo que promovam um elevado volume de entrada e permanência de material vegetal. Essas estratégias devem incluir a diversidade de compostos provenientes de diferentes fontes vegetais. Um exemplo eficaz é a prática da rotação de culturas, intercalando gramíneas e leguminosas, ou a adoção de consórcio desses grupos vegetais nas pastagens. Tais práticas contribuem para o aumento da diversidade de compostos depositados no solo, equilibrando a relação C:N, o que, por sua vez, melhora a fertilidade do solo e a produtividade dos sistemas agrícolas.

9.4 Processos microbianos e emissão de gases de efeito estufa (GEE)

9.4.1 Panorama e consequências dos GEE

O carbono é um tema de grande relevância quando se trata de gases de efeito estufa, pois é um componente fundamental do dióxido de carbono (CO_2) e do metano (CH_4). Esses gases absorvem radiação ultravioleta (UV) proveniente dos raios solares, resultando no aumento da temperatura da Terra. É importante destacar que o potencial de aquecimento do CH_4 é quase 30 vezes maior que o do CO_2 (Tuckett, 2019).

O efeito estufa desempenhou um papel crucial para tornar a Terra habitável, proporcionando uma temperatura adequada para a diversidade de vida (Mitchell, 1989). Contudo, com o advento da revolução industrial no século XIX, ocorreu um aumento significativo nas emissões de carbono para a atmosfera devido ao desenvolvimento energético (Kweku *et al.*, 2018). Por volta de 1970, a concentração de CO_2 na atmosfera era de 320 ppm, e hoje ela se situa em torno de 408 ppm (NOAA, 2020). Esse aumento do CO_2 e de outros gases equivalentes tem resultado na retenção adicional de calor na superfície terrestre, contribuindo para um aumento global de temperatura de aproximadamente 0,15 a 0,20 °C por década, desde 1975 (Malhi *et al.*, 2021).

O aumento da temperatura global é um dos principais fatores que contribuem para as mudanças climáticas, que têm impactos ambientais, sociais e econômicos significativos. Em temperaturas mais elevadas, a atividade microbiana no solo aumenta, o que pode acelerar a perda de carbono do solo para a atmosfera. Isso contribui para o aumento do efeito estufa e, consequentemente, do aquecimento global. Além disso, o derretimento de regiões congeladas resulta na perda de hábitat para diversas espécies de aves e mamíferos. Isso pode levar ao declínio dessas populações e, em alguns casos, à extinção. A variação na temperatura também afeta o ciclo da água, a precipitação e a intensidade dos ventos, resultando em eventos climáticos extremos, como secas, inundações e furacões, que podem ter impactos devastadores sobre a população humana e o meio ambiente (Allen *et al.*, 2018).

9.4.2 Práticas agrícolas e influência na emissão de CO_2

As atividades agrícolas têm um papel significativo nas emissões de gases de efeito estufa (GEE). De acordo com o painel intergovernamental sobre mudanças climáticas (IPCC, 2019), elas são responsáveis por 13% das emissões de dióxido de carbono (CO_2) e 44% das emissões de metano (CH_4) provenientes de atividades humanas. Em uma análise global, a agricultura contribui com aproximadamente 21% das emissões totais de GEE. Esse impacto é resultado de uma série de práticas agrícolas, como desmatamento, pecuária, fertilização do solo, calagem, queima de resíduos de culturas, cultivo em solos alagados e utilização de combustíveis fósseis nos maquinários agrícolas (Balsalobre-Lorente *et al.*, 2019). Todavia, o fato de a agricultura ser uma fonte de emissão de carbono não deve servir como um obstáculo para a produção agrícola, mas sim como um desafio para futuros profissionais buscarem práticas agrícolas mais conservacionistas.

A calagem é essencial em solos tropicais, para reduzir a acidez do solo e garantir uma boa produtividade agrícola. O princípio químico envolve a reação do calcário com a água presente no solo, resultando na liberação dos cátions de cálcio e magnésio, e ânions hidroxila para a solução do solo. Há também a formação de íons bicarbonato, que reagem com os prótons de hidrogênio, resultando na formação de CO_2 (Ernani, 2016). Esse processo intensifica a atividade microbiana, aumentando a presença de grupos decompositores de celulose e aumentando a respiração e a emissão de CO_2 (Borken e Brumme, 1997; Abalos *et al.*, 2020).

Contudo, é possível amenizar a emissão de CO_2 causada pela calagem associada a práticas agrícolas como fertilização, desse modo, ao se optar por fontes de fósforo mineral de liberação mais lenta, como o pó de rocha, em substituição aos fertilizantes tradicionais (Adnan *et al.*, 2018). Além disso, práticas de manejo do solo mais conservacionistas, como o cultivo mínimo e o cultivo reduzido, ajudam a diminuir as emissões de GEE das práticas agrícolas em geral (Silva-Olaya *et al.*, 2013).

9.4.3 Processos microbianos na emissão e mitigação de metano

Metanogênese

A produção de metano, conhecida como metanogênese, é principalmente resultado da respiração anaeróbica realizada pelas arqueas (Van Elsas *et al.*, 2019). Esse processo ocorre em condições de baixo oxigênio e elevada saturação de água nos poros do solo, ou seja, em solos alagados com alto potencial redutor (Serrano-Silva *et al.*, 2014). Acredita-se que em terras alagadas, como as áreas de arroz irrigado, a produção de metano gere cerca de 160 Tg[2] de CH_4 por ano, enquanto a atividade pecuária gera aproximadamente 100 Tg por ano (Van Elsas *et al.*, 2019).

A enzima meticoenzima M-redutase, produzida por arqueas das ordens *Methanosarcinales*, *Methanobacteriales*, *Methanomicrobiales*, *Methanococcales*, *Methanopyrales* e *Methanocellales*, é fundamental para catalisar esse processo (Hofmann *et al.*, 2016). Diversos compostos contendo carbono podem servir de substrato para a produção de metano, incluindo CO_2, acetato e substâncias com grupos metil. Por isso, as arqueas são classificadas de acordo com sua especialidade metabólica: hidrogenotróficas, formatotróficas, acetoclásticas, metilotróficas e alcooltróficas (Gontijo, 2017).

Considerando os compostos gerados pela decomposição da matéria orgânica no solo, as vias metabólicas mais comuns para a metanogênese são a hidrogenotrófica e a acetoclástica (Malyan *et al.*, 2016). Na hidrogenotrófica, o hidrogênio e o dióxido de carbono são utilizados como substratos, resultando na formação de água e metano ($4H_2 + CO_2 \rightarrow CH_4 + 2H_2O$). As arqueas com essa especialidade metabólica pertencem a gêneros como *Methanobacterium*, *Methanobrevibacter* e *Methanospirillum*, entre outros (Malyan *et al.*, 2016). Na acetoclástica, o acetato (CH_3COO-radical) é utilizado como substrato, gerando dióxido de carbono e metano (acetato $\rightarrow CH_4 + CO_2$). As arqueas especializadas nessa via pertencem aos gêneros *Methanosarcina* e *Methanosaeta* e são comuns em áreas de arroz irrigado (Malyan *et al.*, 2016).

---

2   Tg = tetragrama, que é equivalente a 10^{12} g = 10^{99}kg =10^6ton= 0,001 Gt..

Metanotrofia

O processo de oxidação biológica do metano, conhecido como metanotrofia, é conduzido por microrganismos que utilizam o CH_4 como fonte de energia. Eles possuem o gene pmoA, que codifica a produção da enzima metano mooxigenase (Zhang *et al.*, 2019). Estima-se que esses microrganismos reoxidem aproximadamente 30 Tg de CH_4 por ano (Van Elsas *et al.*, 2019).

O processo de metanotrofia é realizado por bactérias da classe γ-*Proteobacteria* (como *Methylobacter* e *Methylococcus*) categorizadas como tipo I, cujo mecanismo de fixação se dá via ribulose monofosfato. Na classe de bactérias α-*Proteobacteria* (incluindo *Methylosinus* e *Methylocystis*), classificadas como tipo II, o carbono é fixado através da via da serina. Já no filo *Verrucomicrobia* (como *Methylacidiphilum* e *Methylacidimicrobium*) (tipo III), o carbono é fixado utilizando a enzima RuBisCO (Kalyuzhnaya; Puri e Lidstrom, 2015; Knief, 2015).

Os atributos do solo que podem favorecer o processo de metanotrofia ainda não estão completamente esclarecidos. No entanto, diversos estudos têm associado à mudança de uso do solo, especialmente a conversão de vegetação natural para sistemas agrícolas, e à supressão da atividade de metanotróficos (Lammel *et al.*, 2015). Por exemplo, o estudo de Meyer *et al.* (2017) identificou uma maior abundância de metanotróficos em solos de florestas do que em pastagens cultivadas. De forma similar, a conversão de pastagens naturais para cultivadas reduz a abundância de verrucomicrobia (Tomazelli *et al.*, 2023). Os processos de metanogênese e metanotrofia são ilustrados na Figura 27.

Figura 27: Simulação de condições que favoreçam o processo de metanogênese e metanotrofia em solos

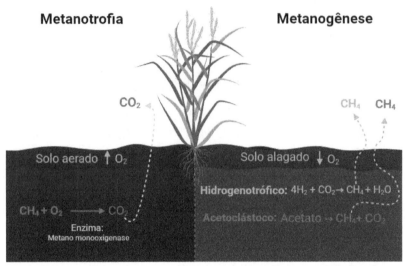

Fonte: elaborado pelos autores no BioRender – versão gratuita (2024).

9.4.4 Sequestro de carbono na agricultura

Nos últimos anos, tem havido uma crescente atenção às iniciativas que promovem uma agricultura de baixa emissão de carbono, centrada na capacidade de reduzir as emissões de carbono provenientes das atividades agrícolas e pecuárias (Telles *et al.*, 2021). Este movimento global é respaldado por líderes de vários países, que se comprometeram a implementar ações concretas visando a diminuição das emissões de gases de efeito estufa. No caso do Brasil, estabeleceram-se metas ambiciosas de redução em 80% e 40% do desmatamento na Amazônia e no cerrado, respectivamente, com a adoção de práticas agrícolas que favoreçam a preservação do carbono no solo.

Essas práticas incluem a recuperação de pastagens degradadas, a integração lavoura-pecuária-floresta (ILPF), a adoção do sistema de plantio direto (SPD), o tratamento de dejetos animais e a implementação de técnicas de manejo que ampliem a fixação biológica do nitrogênio (Freitas; Maciel; Carvalho, 2022). Essas ações não apenas contribuem para o sequestro de carbono, mas também se revestem de uma importância crucial na redução das emissões, preservando o meio ambiente e assegurando um futuro mais sustentável.

O manejo do solo deve ser pensando para manter e aumentar os estoques de carbono, portanto os futuros profissionais enfrentam desafios maiores que apenas produzir alimentos e energia, mas aliar a demanda produtiva com a mitigação de carbono.

Referências

ABALOS, D.; LIANG, Z.; DÖRSCH, P.; ELSGAARD, L. *Trade-offs in greenhouse gas emissions across a liming-induced gradient of soil pH*: Role of microbial structure and functioning. Soil Biology and Biochemistry, 150, 108006, 2020.

ADNAN, M.; SHAH, Z.; SHARIF, M.; RAHMAN, H. *Liming induces carbon dioxide (CO 2) emission in PSB inoculated alkaline soil supplemented with different phosphorus sources*. Environmental Science and Pollution Research, 25, 9501-9509, 2018.

ALLEN, M.R.; DUBE, O.P.; SOLECKI, W.; ARAGÓN-DURAND, F.; CRAMER, W.; HUMPHREYS, S.; KAINUMA, M.; KALA, J.; MAHOWALD, N.; MULUGETTA, Y.; PEREZ, R.; WAIRIU, M.; ZICKFELD, K. Framing and Context. In: *Global Warming of 1.5°C*. An IPCC Special Report on the impacts of global warming of 1.5°C above pre-industrial levels and related global greenhouse gas emission pathways, in the context of strengthening the global response to the threat of climate change, sustainable development, and efforts to eradicate poverty, 2013.

BHATTACHARYYA, S. S.; LEITE, F. F. G. D.; FRANCE, C. L.; ADEKOYA, A. O.; ROS, G. H.; DE VRIES, W.; MELCHOR-MARTÍNEZ, E. M.; IQBAL, H. M. N.; PARRA-SALDÍVAR, R. *Soil carbon sequestration, greenhouse gas emissions, and water pollution under different tillage practices*. The Science of the total environment, 826, 154161, 2022.

BLANKENSHIP, R. E. *Early evolution of photosynthesis*. Plant physiology, 154(2), 434-438, 2010.

BORKEN, W.; BRUMME, R. *Liming practice in temperate forest ecosystems and the effects on CO_2, N2O and CH4 fluxes*. Soil Use and Management, 13, 251-257, 1997.

BRÖRING, J. M.; GOSS-SOUZA, D.; BARETTA, C. R. D. M.; SOUSA, J. P.; BARETTA, D.; OLIVEIRA FILHO, L. C. I.; KLAUBERG-FILHO, O. *Soil microbial carbon and activity along with land use and geographic gradients*. Soil Science Society of America Journal, 87(4), 856-867, 2023.

CONCEIÇÃO, P. C.; DIECKOW, J.; BAYER, C. *Combined role of no-tillage and cropping systems in soil carbon stocks and stabilization*. Soil and Tillage Research, 129, 40-47, 2013.

DELMOTTE, V., P.; ZHAI, H.-O.; PÖRTNER, D.; ROBERTS, J.; SKEA, P.R.; SHUKLA, A.; PIRANI, W.; MOUFOUMA-OKIA, C.; PÉAN, R.; PIDCOCK, S.; CONNORS, J.B.R.; MATTHEWS, Y.; CHEN, X.; ZHOU, M.I.; GOMIS, E.; LONNOY, T.; MAYCOCK, M. *Tignor, and T. Waterfield (eds.)*. Cambridge University Press, Cambridge, UK and New York, NY, USA, pp. 49-92, 2018.

ERNANI, P.R. *Química do solo e disponibilidade de nutrientes*. UDESC, 2016.

FIERER, N. *Embracing the unknown*: disentangling the complexities of the soil microbiome. Nature Reviews Microbiology, 15(10), 579-590, 2017.

FREITAS, E. V.; MACIEL, G. A.; DE CARVALHO, E. X. *Agricultura De Baixo Carbono*. O Desenvolvimento Rural Sustentável E A Agropecuária Em Pernambuco, Governo de Pernambuco, 2022.

GONTIJO, J. B. *Comunidades metanogênicas e metanotróficas em sedimentos de áreas alagáveis da Amazônia Oriental*. Dissertação de Mestrado, Centro de Energia Nuclear na Agricultura, Universidade de São Paulo, Piracicaba, 2017.

HIRSCH, P.R. Microorganisms Cycling Soil Nutrients. In: VAN ELSAS, J.D.; TREVORS, T.J.; ROSADO, A.S.; NANNIPIERI, P. *Modern soil microbiology*. 3 rd edition. New York: CRC Press.2019. 501p.

HOFMANN, K.; PRAEG, N.; MUTSCHLECHNER, M.; WAGNER, A. O.; ILLMER, P. *Abundance and potential metabolic activity of methanogens in well-aerated forest and grassland soils of an alpine region*. FEMS microbiology ecology, 92(2), fiv171, 2016.

IPCC. *Climate Change 2014*: Synthesis Report; Pachauri, R.K., Meyer, L.A., Eds.; Contribution of Working Groups I, II and III to the Fifth Assessment Report of the Intergovernmental Panel on Climate Change; IPCC: Geneva, Switzerland, 2014; 151p.

IPCC. *Climate Change and Land*: an IPCC special report on climate change, desertification, land degradation, sustainable land management, food security, and greenhouse gas fluxes in terrestrial ecosystems, 2019.

JOERGENSEN, R. G.; WICHERN, F. *Alive and kicking*: why dormant soil microorganisms matter. Soil Biology and Biochemistry, 116, 419-430, 2018.

KALYUZHNAYA, M. G.; PURI, A. W.; LIDSTROM, M. E. *Metabolic engineering in methanotrophic bacteria*. Metabolic engineering, 29, 142-152, 2015.

KNIEF, C. *Diversity and hábitat preferences of cultivated and uncultivated aerobic methanotrophic bacteria evaluated based on pmoA as molecular marker*. Frontiers in microbiology, 6, 1346, 2015.

LAMMEL, D. R.; FEIGL, B. J.; CERRI, C. C.; NÜSSLEIN, K. *Specific microbial gene abundances and soil parameters contribute to C, N, and greenhouse gas process rates after land use change in Southern Amazonian Soils*. Frontiers in microbiology, 6, 1057, 2015.

LANGE, M.; EISENHAUER, N.; SIERRA, C. A.; BESSLER, H.; ENGELS, C., GRIFFITHS, R. I.; GLEIXNER, G. *Plant diversity increases soil microbial activity and soil carbon storage*. Nature communications, 6(1), 6707, 2015.

LÓPEZ-MONDÉJAR, R.; ZÜHLKE, D.; BECHER, D.; RIEDEL, K.; BALDRIAN, P. *Cellulose and hemicellulose decomposition by forest soil bacteria proceeds by the action of structurally variable enzymatic systems*. Scientific reports, 6(1), 25279, 2016.

MACHADO, P. L. D. A. *Carbono do solo e a mitigação da mudança climática global*. Química Nova, 28, 329-334, 2005.

MALHI, G. S.; KAUR, M.; KAUSHIK, P. *Impact of climate change on agriculture and its mitigation strategies*: A review. Sustainability, 13(3), 1318, 2021.

MALYAN, S. K.; BHATIA, A.; KUMAR, A.; GUPTA, D. K.; SINGH, R.; KUMAR, S. S.; TOMER, R.; KUMAR, O.; JAIN, N. *Methane production, oxidation and mitigation: A mechanistic understanding and comprehensive evaluation of influencing factors.* The Science of the total environment, 572, 874–896, 2016.

MEYER, K. M.; KLEIN, A. M.; RODRIGUES, J. L.; NÜSSLEIN, K.; TRINGE, S. G.; MIRZA, B. S.; BOHANNAN, B. J. (2017). *Conversion of Amazon rainforest to agriculture alters community traits of methane-cycling organisms.* Molecular ecology, 26(6), 1547-1556, 2017.

MITCHELL, J. F. *The "greenhouse" effect and climate change.* Reviews of Geophysics, 27(1), 115-139, 1989.

MOREIRA, F. M. S.; SIQUEIRA, J. O. *Microbiologia e Bioquímica do Solo.* Lavras: UFLA, 2006.

NOAA. Earth System Research Laboratory (NOAA). 2020. *Available online*: www.esrl.noaa.gov (accessed on 15 December 2020)

RASMUSSEN, H.; SØRENSEN, H. R.; MEYER, A. S. *Formation of degradation compounds from lignocellulosic biomass in the biorefinery*: sugar reaction mechanisms. Carbohydrate research, 385, 45–57, 2014.

ROSCOE, R.; MERCANTE, F. M.; SALTON, J. C. *Dinâmica da matéria orgânica do solo em sistemas conservacionistas*: modelagem matemática e métodos auxiliares, 2006.

SERRANO-SILVA, N., SARRIA-GUZMÁN, Y.; DENDOOVEN, L., LUNA-GUIDO, M. *Methanogenesis and Methanotrophy in Soil*: A Review. Pedosphere, 24(3): 291–307, 2014.

SETYANTO, P.; PRAMONO, A.; ADRIANY, T. A.; SUSILAWATI, H. L.; TOKIDA, T.; PADRE, A. T.; MINAMIKAWA, K. *Alternate wetting and drying reduces methane emission from a rice paddy in Central Java, Indonesia without yield loss.* Soil Science and Plant Nutrition, 64(1), 23-30, 2018.

SILVA-OLAYA, A. M.; CERRI, C. E. P.; LA SCALA JR, N.; DIAS, C. T. S.; CERRI, C. C. *Carbon dioxide emissions under different soil tillage systems in mechanically harvested sugarcane.* Environmental Research Letters, 8(1), 015014, 2013.

SHUKLA, J.; SKEA, E.; CALVO BUENDIA, V.; MASSON-DELMOTTE, H. O.; PÖRTNER, D. C.; ROBERTS, P.; ZHAI, R.; SLADE, S.; CONNORS, R.; VAN DIEMEN, M.; FERRAT, E.; HAUGHEY, S.; LUZ, S.; NEOGI, M.; PATHAK, J.; PETZOLD, J.; PORTUGAL PEREIRA, P.; VYAS, E.; HUNTLEY, K.; KISSICK, M.; BELKACEMI, J.; MALLEY, (eds.)]. In: KWEKU, D. W.; BISMARK, O.; MAXWELL, A.; DESMOND, K. A.; DANSO, K. B.; OTI-MENSAH, E. A.; ADORMAA, B.

B. *Greenhouse effect*: greenhouse gases and their impact on global warming. Journal of Scientific research and reports, 17(6), 1-9, 2018.

TAMOI, M.; NAGAOKA, M.; YABUTA, Y.; SHIGEOKA, S. *Carbon metabolism in the Calvin cycle.* Plant biotechnology, 22(5), 355-360, 2005.

TELLES, T. S.; VIEIRA FILHO, J. E. R.; RIGHETTO, A. J.; RIBEIR, M. R. (2021). *Desenvolvimento da agricultura de baixo carbono no Brasil* (Nº 2638). Texto para Discussão. Instituto de Pesquisa Econômica Aplicada (IPEA), Brasília,

TOMAZELLI, D.; KLAUBERG-FILHO, O.; MENDES, S. D. C.; BALDISSERA, T. C.; GARAGORRY, F. C.; TSAI, S. M.; GOSS-SOUZA, D. *Pasture management intensification shifts the soil microbiome composition and ecosystem functions.* Agriculture, Ecosystems & Environment, 346, 108355, 2023.

TUCKETT, R. *Greenhouse gases.* In Encyclopedia of Analytical Science (pp. 362-372). Elsevier, 2019.

ZHANG, L.; ADAMS, J. M.; DUMONT, M. G.; LI, Y.; SHI, Y.; HE, D.; CHU, H. *Distinct methanotrophic communities exist in hábitats with different soil water contents.* Soil Biology and Biochemistry, 132, 143-152, 2019.

10. ECOTOXICOLOGIA TERRESTRE

Luís Carlos Iuñes de Oliveira Filho, Thiago Ramos Freitas

10.1 Introdução

O solo, como discutido nos capítulos anteriores, desempenha diversos serviços ecossistêmicos e serve de hábitat e fonte de alimento para vários organismos. No entanto, está suscetível à contaminação por diversos tipos de poluentes, o que pode acarretar impactos negativos no ecossistema. A contaminação do solo por agrotóxicos, fármacos, dejetos, resíduos e outros produtos resultantes da atividade humana é uma realidade preocupante. Essa contaminação pode levar à perda de serviços ecossistêmicos e afetar toda a cadeia alimentar. A avaliação de áreas contaminadas geralmente se baseia em parâmetros químicos, mas essas análises, muitas vezes, não são suficientes para prever os efeitos nos organismos do solo, mesmo em concentrações muito baixas. Por esse motivo, para uma avaliação mais precisa, é recomendável que as análises químicas sejam complementadas por testes ecotoxicológicos.

A **ecotoxicologia** é a ciência que busca associar conceitos em ecologia e toxicologia, de modo que tem por intuito estudar os efeitos tóxicos de contaminantes dentro do contexto dos ecossistemas. O ramo da ecotoxicologia terrestre tem avaliado o efeito potencial de contaminantes no solo, objetivando determinar quais são os limites críticos das substâncias, isto é, a concentração capaz de resultar em efeitos deletérios aos organismos

(Lima, 2009). Para tanto, são executados testes com plantas, microrganismos e invertebrados do solo. Na Figura 28, é possível observar a simulação do efeito do aumento da concentração de determinada molécula na reprodução de microminhocas (enquitreídeos). O aumento da concentração reduz o número de juvenis encontrados nos ensaios.

Figura 28: Relação entre a concentração de um contaminante e a contagem de juvenis em um ensaio de reprodução

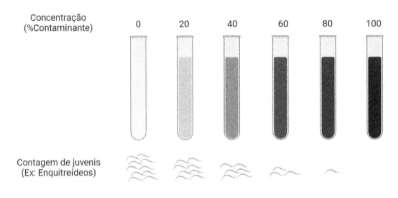

Fonte: elaborado pelos autores no BioRender – versão gratuita (2024).

10.2 Organismos utilizados nos testes

Uma vez que o objetivo final dos testes ecotoxicológicos terrestres é obter dados para proteger a estrutura e o funcionamento dos ecossistemas, os invertebrados têm sido utilizados para avaliar os impactos dos contaminantes depositados no solo sobre os serviços ecossistêmicos. Entretanto, embora exista grande diversidade de grupos taxonômicos nos solos, apenas poucas espécies de invertebrados, com comprovada sensibilidade aos poluentes e contribuição para os serviços ecossistêmicos, foram eleitas como indicadoras do risco ecotoxicológico nos ecossistemas terrestres.

De acordo com recentes revisões bibliográficas, as normas internacionais (ISO e OECD) sobre metodologias para avaliações ecotoxicológicas no solo recomendam espécies de minhocas, enquitreídeos, moluscos, ácaros, isópodas, colêmbolos, coleópteros da família *Carabidae*, entre outros grupos, para testes ecotoxicológicos laboratoriais. Por outro lado, observa-se que as espécies *Eisenia andrei*, *E. fetida* (minhocas), *Folsomia candida* (colêmbolos) e *Enchytraeus crypticus* (enquitreídeos) têm sido as mais utilizadas para a realização dos testes. Na Figura 29, estão exemplificados organismos utilizados em ensaios padronizados.

Figura 29: Espécies de organismos (colêmbolos: *Folsomia candida*; enquitreídeos: *Enchytraeus crypticus*; minhoca: *Eisenia andrei*; fungos micorrízicos arbusculares: *Rhizophagus clarus*; planta: *Allium ampeloprasum*) utilizados nos testes ecotoxicológicos

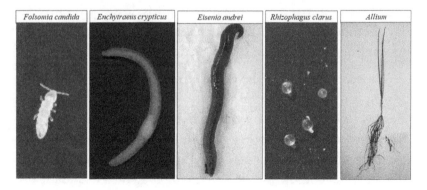

Fonte: elaborado pelos autores (2024).

10.3 Condução de ensaios ecotoxicológicos

Os testes ecotoxicológicos terrestres de laboratório são, em sua grande maioria, protocolos padronizados por órgãos internacionais, sendo os principais a International Organization for Standarization (ISO – Organização Internacional de Padronização) e Organization for Economic Co-operation and Development (OECD – Organização para Cooperação e Desenvolvimento Econômico) (Baretta *et al.*, 2019). Tais protocolos foram desenvolvidos para avaliar efeitos de contaminantes sobre organismos-teste, a fim de poderem ser reproduzidos, e seus resultados, comparados. No Brasil, a Associação Brasileira de Normas Técnicas (ABNT) tem trabalhado em traduzir e adaptar esses protocolos para as condições brasileiras, principalmente no que diz respeito às condições de solo, temperatura e umidade.

Estes testes permitem avaliar a contaminação ambiental por diversas fontes, tais como agrotóxicos, medicamentos veterinários, dejetos de animais e poluentes orgânicos, efluentes agrícolas, industriais e domésticos, lodos de esgotos, resíduos e rejeitos da mineração, resíduos da indústria de papel e celulose, de cervejaria, hidrocarbonetos policíclicos aromáticos (HPAs), entre tantos outros contaminantes. Muitos desses produtos que são liberados no ambiente podem ser tóxicos aos ecossistemas, porém pouco se conhece da sua toxicidade.

Os testes podem ser divididos em avaliadores de efeitos agudos ou crônicos do contaminante sobre os organismos-teste (Segat *et al.*, 2018). **Testes de toxicidade aguda** avaliam respostas rápidas dadas pelo organismo e representam alterações imediatamente ocorridas após a aplicação do contaminante no ambiente, tal como comportamento de fuga ou a letalidade dos organismos-teste, efeitos estes que se manifestam, em geral, num período de 48 horas a 14 dias, respectivamente. Os **testes de toxicidade crônica** são aqueles nos quais o contaminante é continuamente liberado no ambiente em doses subletais (geralmente no período de semanas, meses ou até anos), tendo por objetivo avaliar a resposta dos organismos-teste quanto à mudança no metabolismo, crescimento e desenvolvimento, taxa reprodutiva e até mesmo alterações no material genético.

Com o intuito de avaliar a toxicidade de químicos ou de solos contaminados, uma série de ensaios ecotoxicológicos tem sido proposta. No entanto, os testes mais utilizados são o de letalidade, o de reprodução e o de fuga. Os primeiros dois consistem na exposição dos organismos a solos contaminados durante um determinado tempo (que varia de acordo com a espécie), para que ao término do período experimental seja contabilizado o número de indivíduos que sobreviveram (para o ensaio de letalidade) ou a quantidade de descendentes gerados (para o ensaio de reprodução). Já o teste de fuga envolve a exposição simultânea dos organismos a um solo contaminado e a um solo referência, isto é, livre de contaminação, para que após o período experimental (geralmente de 48 horas) sejam contados os números de indivíduos em cada um dos solos, para que então se determine a existência de comportamento de fuga. Enquanto os ensaios de letalidade e de reprodução são tidos como mais relevantes e robustos devido às características que objetivam mensurar, o ensaio de fuga, embora mais simples, elucida a ocorrência da contaminação devido à preferência dos organismos pelo solo, sendo geralmente o primeiro dos ensaios a ser executado na investigação da ocorrência da poluição.

Os resultados obtidos nos testes ecotoxicológicos são expressos em concentrações que causam efeitos prejudiciais (agudos ou crônicos) em uma porcentagem de organismos que foram expostos ao contaminante, como, por exemplo, a concentração letal para 50% da população de determinado organismo exposto (CL_{50}) ou concentração efetiva capaz de reduzir em 20% a taxa reprodutiva (CE_{20}). O objetivo de estabelecer essas concentrações é conhecer qual é o potencial tóxico de um contaminante específico sobre uma população de organismos-chave ao provimento dos serviços ambientais, especialmente devido às funções que estas espécies desempenham na estruturação do solo, como hábitat e substrato capazes de servir como meio para o desenvolvimento das atividades humanas. Com base nesses resultados, é possível determinar níveis máximos de aporte do solo para as substâncias químicas e, consequentemente, garantir a qualidade do solo e o provimento dos serviços ambientais.

10.4 Importância da ecotoxicologia para a conservação de serviços ecossistêmicos

Conforme destacado no Capítulo 1, os serviços ecossistêmicos providos pelo solo são essenciais ao desenvolvimento de uma ampla gama de atividades humanas. Esses serviços só podem ser ofertados caso haja uma relação de equilíbrio entre os entes que constituem o ecossistema e as populações humanas. No entanto, atividades como as de mineração e o emprego de agentes de proteção de plantas nas lavouras podem pôr em risco este equilíbrio. A ecotoxicologia como ciência, à qual cabe a identificação do risco ecológico, tem papel de relevância na preservação dos serviços ecossistêmicos. Isto porque o desenvolvimento de políticas de gestão ambiental, a avaliação do risco e a restauração e reabilitação do meio ambiente baseiam-se também nos resultados dos ensaios ecotoxicológicos.

A regulamentação de um princípio ativo capaz de reduzir a incidência de uma praga em plantações de soja, por exemplo, só é possível graças à mensuração da toxicidade do composto, e é exatamente aí que a ecotoxicologia passa a ser uma ferramenta valiosa na conservação do meio ambiente. Mas essa relevância pode ser entendida sob outras óticas, como na identificação de áreas poluídas e na subsequente estruturação de um plano de recuperação; ou no estabelecimento de limites máximos permissíveis para aplicação de fertilizantes na agricultura; ou ainda na determinação da pluma de contaminação em áreas afetadas pelo derramamento de resíduos da indústria petroleira.

Referências

BARETTA, D.; KLAUBERG FILHO, O. *Ecotoxicologia terrestre*: métodos e aplicações de ensaios com Collembola e Collembola e Isopoda. Florianópolis: UDESC, 2018. 200p.

BARETTA, D.; SEGAT, J.C.; OLIVEIRA FILHO, L.C.I.; MACCARI, A.P.; SOUSA, J.P; RÖMBKE, J. Ecotoxicologia terrestre: Métodos e aplicações dos ensaios com oligoquetas. In: NIVA, C.C.; BROWN, G.G. *Ecotoxicologia terrestre*: métodos e aplicações dos ensaios com oligoquetas. Brasília: Embrapa, 2019. 258p.

LIMA, C.A. *Avaliação de risco ambiental como ferramenta para o descomissionamento de uma indústria de metalurgia de zinco*. 2009. 238 f. Tese (Doutorado em Ciências) - Universidade Federal do Rio de Janeiro, Rio de Janeiro.

SEGAT, J.C.; MACCARI, A.P.; OLIVEIRA FILHO, L.C.I.; ZEPPELINI, D.; LOPES-LEITZKE, E.L. *Ecotoxicologia Terrestre*. In: OLIVEIRA FILHO, L.C.I.; SEGAT, J.C.;

11. MICRORGANISMOS PROMOTORES DE CRESCIMENTO VEGETAL E BIOINSUMOS

Nathalia Turkot Candiago, Aline de Liz Ronsani Malfatti, Daniela Tomazelli

11.1 Introdução

Os microrganismos promotores de crescimento vegetal (MPCV) fornecem benefícios diretos que estimulam a nutrição e desenvolvimento vegetal, por meio da fixação biológica do nitrogênio (FBN), solubilização de fosfato, sintetização de fitormônios, aumentando a tolerância a patógenos e estresses abióticos (Van Elsas *et al.*, 2019). Todos esses benefícios são ótimos para a produção agrícola, contudo transformar microrganismos em uma biotecnologia comercial (bioinsumo) não é algo tão simples, devido às particularidades de multiplicação e manutenção de culturas microbianas ativas.

Segundo o Ministério da Agricultura, Pecuária e Abastecimento (2021), o conceito de bioinsumo configura:

> O produto, o processo ou a tecnologia de origem vegetal, animal ou microbiana, destinado ao uso na produção, no armazenamento e no beneficiamento de produtos agropecuários, nos sistemas de produção aquáticos ou de florestas plantadas, que interfiram positivamente no crescimento, no desenvolvimento e no mecanismo de resposta de animais, de plantas, de microrganismos e de substâncias derivadas

e que interajam com os produtos e os processos físico-químicos e biológicos (MAPA, 2021).

No Brasil, o movimento para utilização dos bioinsumos se iniciou há pouco mais de 30 anos, com o desenvolvimento de pesquisa voltado para fixadores biológicos de nitrogênio, por meio das preciosas contribuições da Dra. Joanna Döbereiner. A pesquisadora estudou a biologia de bactérias diazotróficas em meios de cultivo (Döbereiner, Baldani e Baldani, 1995). Contudo, somente em 2009 foi comercializado o primeiro inoculante comercial no Brasil, contendo *Azospirillum brasilense* em sua composição (Hungria *et al.*, 2006, 2010; Hungria, 2011).

Embora os bioinsumos tenham surgido há alguns anos, somente em 2020, no Brasil, o MAPA lançou o Programa Nacional de Bioinsumos, que foi estabelecido a fim de defender a produção e estimular o uso desses insumos na agricultura e pecuária brasileira, em uma iniciativa sustentável, foco da atualidade.

A fim de auxiliar e orientar produtores rurais, o programa disponibiliza um catálogo nacional de insumos biológicos para a agricultura, no qual é possível encontrar informações sobre bioinsumos para controle de pragas e inoculantes.

Para acessar a página do Programa Nacional de Bioinsumos e obter a todos os dados, aponte a câmera do seu celular para o QR code abaixo:

Legenda: Programa Nacional de Bioinsumos.

Nos últimos anos, o uso de biotecnologias microbianas tem sido mais visado na agricultura e se expandiu entre 2015 e 2019, com mais de 40 novas empresas ingressas no Brasil (Vidal *et al.*, 2021). Hoje, no mercado, já estão disponíveis produtos comerciais com microrganismos solubilizadores de fosfatos, inóculo à base de fungos micorrízicos e formulações. Além de produtos contendo microrganismos, também estão disponíveis alternativas para melhorar as características biológicas do solo, favorecendo a comunidade microbiana nativa.

Pensando nisso, criou-se o projeto de Lei nº 658 de 2021 (Brasil, 2021), que busca orientar sobre a classificação, tratamento e produção de bioinsumos por meio do manejo biológico *on farm*, ratifica o Programa Nacional de Bioinsumos e dá outras providências. O projeto, atualmente, encontra-se em avaliação pela Câmara dos Deputados e está em fase de recurso no Plenário. Caso aprovado, o Brasil dará um importante passo na área agrícola, rumo ao desenvolvimento sustentável.

11.2 Bioinsumos

11.2.1 Inoculantes microbianos

Os inoculantes microbianos são definidos pelo Ministério da Agricultura, Pecuária e Abastecimento (MAPA) como produtos que contêm microrganismos com atuação favorável ao crescimento de plantas. Isso quer dizer que a formulação poderá conter microrganismos selecionados de espécies conhecidas e testadas (Mapa, 2023).

Um dos principais usos de bioinsumos, pensando em promoção da saúde do solo, é a utilização de microrganismos que mineralizam ou solubilizam nutrientes. No Brasil, a biotecnologia mais popular é o inoculante à base de *Rhizobium* e *Bradyrhizobium*, para fixação de nitrogênio na cultura da soja (Hungria e Mendes, 2015). A simbiose entre essas bactérias e leguminosas é de caráter mais específico, por isso deu tão certo para soja. A inoculação de soja com *Bradyrhizobium* supre a demanda de N pela cultura da soja, mantendo o nível de produtividade equivalente às parcelas com aplicação de 200 kg de N ha[-1] (Zilli, Campo e Hungria, 2010).

Os inoculantes à base de *Azospirillum*, fixadores de nitrogênio de vida livre, por serem menos específicos quanto ao hospedeiro, são eficientes para gramíneas como trigo e milho (Hungria, 2011). Ademais, esse é um microrganismo importante na ação hormonal de plantas, visto que atua como promotor de crescimento vegetal ao sintetizar hormônios como auxinas, citocininas, giberelinas e etileno (Okon e Vanderleyden, 1997). A inoculação de *Azospirillum brasilense* promove aumento de até 30% na produção de grãos de milho, e de até 16% na produção de trigo, quando comparado com o controle (Hungria *et al.*, 2010). A inoculação da cana-de-açúcar com *Azospirillum brasilense*, aumenta em 15% os lucros obtidos com a cultura (12 para 14,5 mg ha[-1]) (Scudeletti *et al.*, 2023).

Os inoculantes contendo solubilizadores de fosfato são mais recentes no mercado brasileiro, sendo compostos por duas espécies: *Bacillus megaterium* e *Bacillus subtilis*. Os estudos demonstram o aumento do sistema radicular de plantas de soja, e o ganho médio em produtividade foi de 6,3% (Oliveria-Paiva *et al.*, 2022). Entre os produtos disponíveis no mercado, encontram-se inoculantes à base de *Pseudomonas* e *Azospirillum,* para melhor a nutrição de pastagens, aumentando a disponibilidade de N, P e outros nutrientes (Guimarães *et al.*, 2023).

Os fungos micorrízicos arbusculares (FMAs) promovem muitos benefícios nutricionais e sanitários para as plantas; contudo, devido à biologia do fungo, a produção em larga escala de inóculo requer uma planta hospedeira, além de mais espaço físico e tempo de produção do que inoculantes bacterianos (Basiru e Hijri, 2022; Berruti *et al.*, 2016). Por esse motivo, no Brasil existe apenas um inoculante à base de FMAs, constituído pelo fungo do gênero *Rhizophagus*, sendo essa uma tecnologia estrangeira.

11.2.2 Biofertilizantes

Os biofertilizantes são definidos como produtos que contêm princípio ativo ou agente orgânico, isento de substâncias agrotóxicas, capaz de atuar, direta ou indiretamente, sobre o todo ou parte das plantas cultivadas, elevando a sua produtividade, sem ter em conta o seu valor hormonal ou estimulante (MAPA, 2023).

Os biofertilizantes podem ser um ser proveniente da compostagem de materiais de diversas origens, sendo animal (como os dejetos e carcaças) e vegetal (como restos culturais, resíduos industriais, entre outros). Os biofertilizantes mais utilizados são estercos animais que passaram pelo processo de compostagem ou maturação e contêm quantidades elevadas de nitrogênio e fósforo (Maciel *et al.*, 2019).

Outros compostos enriquecidos com microrganismos ativos e nutrientes podem ser utilizados como biofertilizante, como os feitos pelo próprio agricultor ou comprados, como o biofertilizante indicado pela Embrapa (Tomita *et al.*, 2007), Bokashi (Kruker *et al.*, 2023) e outros compostos ricos em nutrientes como húmus de minhoca (Singh e Singh, 2023) e algas (Dagnaisser *et al.*, 2022).

O *biochar* também tem potencial de uso como fertilizante. É um material proveniente da pirólise da matéria orgânica de diversas origens e apresenta várias vantagens para aplicação no solo, atenuação do efeito prejudicial de contaminantes, estabilização do pH, aumento da porosidade do solo e aumento da retenção de água. E, além de favorecer o desenvolvimento de microrganismos benéficos, também pode ser enriquecido por estes via inoculação (Bamdad *et al.*, 2022; Sifton, Smith e Thomas, 2023).

11.2.3 Remineralizador

Remineralizador é definido como material de origem mineral que tenha sofrido redução e classificação de tamanho por processos mecânicos, e que altere os índices de fertilidade do solo por meio da adição de macro e micronutrientes para as plantas, bem como promova a melhoria das propriedades físicas ou físico-químicas ou da atividade biológica do solo (Mapa, 2023).

Conforme Martins, Hardoim e Martins (2023), quando o remineralizador é adicionado ao solo, aumenta a superfície específica, promove uma melhor interação entre minerais e microrganismos, resultando no aumento das raízes das plantas. Consequentemente, há maior produção de exsudatos radiculares, os quais são nutritivos para o desenvolvimento da biota, que realiza o processo de biointemperismo dos minerais, num benefício mútuo: planta-minerais-microrganismos. A Figura 30 apresenta um modelo de funcionamento dos remineralizadores no solo.

Figura 30: Esquema de funcionamento dos remineralizadores no solo

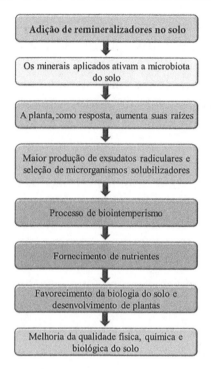

Fonte: adaptado de Martins, Hardoim e Martins (2023).

O pó de rocha é um dos mineralizadores mais comuns e pode ser proveniente da fragmentação de rochas de várias origens e composições (Mattos *et al.*, 2016), porém algumas rochas têm maior potencial de mineralização de potássio, como o fonolito e a olivina melilitito (Mafra Ribeiro *et al.*, 2016).

Para aumentar o potencial de mineralização de pós de rocha, a utilização de microrganismos é uma aliada. A inoculação com *Bacillus* aumenta a disponibilidade de Ca e Mg (Silva Oliveira *et al.*, 2014). O uso de pó de rocha associado a fungos filamentosos, como *Aspergillus*, melhora o desenvolvimento e aumenta a área de raiz de mudas de tomate (Manoel da Silva *et al.*, 2022).

11.2.4 Coinoculação

Tecnologias alternativas têm sido pesquisadas, visando melhores resultados produtivos para as culturas, como, por exemplo, a coinoculação. Esta tecnologia consiste em utilizar diferentes combinações de microrganismos que produzem efeito sinérgico, ou seja, quando utilizados, vão além dos resultados produtivos que obtêm de forma isolada. O uso combinado de *Bradyrhizobium japonicum* e *Azospirillum brasilense* tem amplamente sido relatado na bibliografia com excelentes resultados, com o *Bradyrhizobium* responsável pela fixação biológica do nitrogênio, e a capacidade do *Azospirillum brasilense* em produzir auxinas, giberelinas e citocininas (Benintende *et al.*, 2010; Masciarelli *et al.*, 2013). Bactérias do gênero *Azospirillum* proporcionam efeitos benéficos às plantas graças a sua capacidade de estimular a produção de hormônios vegetais em quantidades expressivas, o que resulta no crescimento das plantas.

Outra associação sinérgica relatada na bibliografia é a de fungos micorrízicos arbusculares (FMAs) em conjunto com bactérias fixadoras de nitrogênio. Esta associação pode aumentar significativamente a nodulação e produtividade das culturas (Malfatti e Cruz, 2019; De Oliveira *et al.*, 2022; Musyoka *et al.*, 2020). Em um trabalho realizado por Jesus *et al.* (2005) com leguminosas arbóreas, os tratamentos sem inoculação de FMAs, nas duas espécies avaliadas, não apresentaram nodulação. O resultado inferior também foi visto na massa da parte aérea. Já Pereira *et al.* (2013) observaram, em um experimento sobre a interação dos FMAs na soja, que, quando a espécie *R. clarus* foi inoculada, a nodulação teve um aumento de 248%.

Existe uma grande possibilidade de combinações de microrganismos que podem atuar de modo sinérgico, possibilitando aumentar a produtividade das culturas sem abertura de novas áreas para elevar o rendimento. Entretanto, devem ser estudadas a fundo estas relações, pois algumas combinações podem ser competitivas e não vantajosas para a produtividade agrícola. Com isto, 2023 foi o ano de consolidação do mercado de biológicos, confirmando o propósito de uma produção sustentável, capaz de produzir alimentos seguros e saudáveis.

11.3 Produção de inóculo na fazenda (*on farm*)

O inóculo *on farm* consiste na multiplicação caseira de microrganismos na propriedade rural (Gabardo *et al.*, 2021). Em 2009, foi sancionado o Decreto de nº 6.913, de 23 de julho de 2009 (Brasil, 2009), que isenta a necessidade de registro para produtos gerados *on farm* para uso próprio. A partir disso, a multiplicação caseira de microrganismos cresceu exponencialmente (Santos; Dinnas e Feitoza, 2020).

Anteriormente, a produção de inóculo na propriedade rural em biofábricas era realizada de forma relativamente simples. Os materiais utilizados eram acessíveis, como caixa d'água para produção do meio de cultura utilizando água, antiespumante e açúcar, e a inoculação com o microrganismo-alvo era realizada com aeração no meio. E após 48 horas, estava pronto para uso (Santos; Dinnas e Feitoza, 2020).

Contudo, a multiplicação de microrganismos tem suas complicações, pois, diferentemente do laboratório, com ambiente limpo e controlado, as biofábricas caseiras são um ponto crítico, pois o sistema não é estéril, sendo passível de contaminação, o que pode colocar em risco o meio ambiente e a saúde do trabalhador. De acordo com Bocatti *et al.* (2022), as 18 amostras de inóculo de *Azospirillum* e *Bradyrhizobium* coletadas em biofábricas estavam contaminadas. Na produção de biopesticida à base de *Bacillus thuringiensis,* das 10 amostras, 9 estavam contaminadas com *Enterococcus,* que é comumente encontrada na microbiota intestinal de bovinos e humanos (Lana *et al.*, 2019).

Em 2022, durante o IX Congresso Brasileiro de Soja e Mercosoja, em Foz do Iguaçu (PR), pesquisadores da Embrapa explicaram os riscos da produção *on farm* de bioinsumos. A Dra. Mariangela Hungria, pesquisadora da Embrapa Soja, expôs dados de amostras *on farm* de produtos biológicos, em que mais de 90% de amostras coletadas em fazendas do Mato Grosso e Goiás não tinham em sua composição o microrganismo desejado (Faria e Landgraf, 2022). Por isso, reafirma-se a importância de um controle de qualidade e melhoria na produção de produtos biológicos, pois podem acabar trazendo riscos fitossanitários.

A produção de inóculo *on farm* pode ser uma ferramenta para melhorar a qualidade do solo ou aumentar a produtividade, mas é preciso adotar alguns cuidados para evitar contaminação, como limpeza e higienização de materiais, atenção às exigências dos microrganismos cultivados (pH, temperatura, aeração) e a manutenção de um controle de qualidade, para assegurar que o microrganismo alvo está sendo propagado sem contaminação ou em níveis mínimos (Monnerat *et al.*, 2018). Assim sendo, a produção *on farm* de um produto biológico de qualidade demanda (Figura 31):

Figura 31: Critérios para elaboração de produto biológico de qualidade

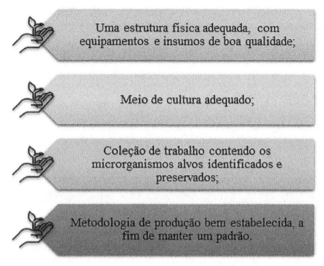

Fonte: elaborado pelos autores (2024).

Atualmente, conforme o projeto de Lei nº 658 de 2021, uma biofábrica é conceituada como o local de produção de bioinsumos, com equipamentos automatizados, preferencialmente em material inox para garantir a qualidade e a segurança, instalados na propriedade rural para uso exclusivo do próprio produtor. A comercialização de bioinsumos produzidos *on farm* é proibida. A produção *on farm* é de exclusivo uso do próprio produtor rural, com acompanhamento de um profissional especializado, a fim de fiscalizar e garantir segurança e qualidade.

Atualmente nas condições observadas por alguns pesquisadores, como citado no texto, é desanimador o quanto a produção *on farm* ainda deve ser desenvolvida. A ideia é fantástica, porém, na realidade, exige conhecimento técnico em microbiologia, equipamentos como autoclave, câmera de fluxo, entre outros, pelos quais dificilmente o produtor estará disposto a pagar.

Sem estes cuidados, a multiplicação de patógenos como *E. coli*, *Salmonella sp.*, coliformes termotolerantes podem ser multiplicados com facilidade, tornando-se um problema de saúde pública (Santos *et al.*, 2020).

Referências

BAMDAD, H.; PAPARI, S.; LAZAROVITS, G.; BERRUTI, F. *Soil amendments for sustainable agriculture:* Microbial organic fertilizers. Soil Use and Management, 38(1), 94-120, 2022.

BASIRU, S.; HIJRI, M. *The potential applications of commercial arbuscular mycorrhizal fungal inoculants and their ecological consequences.* Microorganisms, 10(10), 1897, 2022.

BENINTENDE, S.; UHRICH, W.; HERRERA, M.; GANGGE, F.; STERREN, M. AND BENINTENDE M. (2010). *Comparación entre coinoculación com Bradyrhizobium japonicum y Azospirillum brasilense e inoculación simple con Bradyrhizobium japonicum en la no-dulación, crecimiento y acumulación de N en el cultivo de soja. Agriscientia*, vol. 23, n. 2, p. 71-77.

BERRUTI, A.; LUMINI, E.; BALESTRINI, R.; BIANCIOTTO, V. *Arbuscular mycorrhizal fungi as natural biofertilizers: let's benefit from past successes.* Frontiers in microbiology, 6, 1559, 2016.

BRASIL. Decreto nº 6.913, de 23 de julho de 2009. Disponível em: https://www.planalto.gov.br/ccivil_03/_ato2007-2010/2009/decreto/d6913.htm. Acesso em 23 de setembro de 2023.

BRASIL. Projeto de Lei nº 658 de 2021. 2021. Disponível em: https://www.camara.leg.br/proposicoesWeb/prop_mostrarintegra?codteor=1968716. Acesso em 23 de setembro de 2023.

DAGNAISSER, L. S.; DOS SANTOS, M. G. B.; RITA, A. V. S.; CHAVES CARDOSO, J.; DE CARVALHO, D. F.; DE MENDONÇA, H. V. *Microalgae as bio-fertilizer:* a new strategy for advancing modern agriculture, wastewater bioremediation, and atmospheric carbon mitigation. Water, Air, & Soil Pollution, 233(11), 477, 2022.

DE OLIVEIRA, E. P *et al. Single inoculation with arbuscular mycorrhizal fungi promotes superior or similar effects on cowpea growth compared to co-inoculation with Bradyrhizobium.* South African Journal of Botany, v. 151, p. 941-948, 2022.

DÖBEREINER, J.; BALDANI, V.L.D.; BALDANI, J.I. *Como isolar e identificar bactérias diazotróficas de plantas não leguminosas.* Brasília, Empresa Brasileira de Pesquisa Agropecuária, 1995. 60p.

FARIA, G; LANDGRAF, L. *Pesquisadores expõem riscos da produção on farm de bioinsumos e defendem modernização da legislação.* Embrapa. Disponível em: https://www.embrapa.br/busca-de-noticias/-/noticia/70837683/pesquisadores-expoem-riscos-da-producao-on-farm-de-bioinsumos-e-defendem-modernizacao-da-legislacao. Acesso em 25 de setembro de 2023.

GABARDO, G.; DA SILVA, H. L.; CLOCK, D. C. *"On Farm" Production of microorganisms in Brazil.* Scientia Agraria Paranaensis, 312-318, 2021.

GARCIA, M. V. C.; NOGUEIRA, M. A.; HUNGRIA, M. *Combining microorganisms in inoculants is agronomically important but industrially challenging:* case study of a composite inoculant containing Bradyrhizobium and Azospirillum for the soybean crop. AMB Express, 11(1), 71, 2021.

GUIMARÃES, G. S.; RONDINA, A. B. L.; DE OLIVEIRA JUNIOR, A. G.; JANK, L.; NOGUEIRA, M. A.; HUNGRIA, M. *Inoculation with Plant Growth-Promoting Bacteria Improves the Sustainability of Tropical Pastures with Megathyrsus maximus.* Agronomy, 13(3), 734, 2023.

HUNGRIA, M. *Inoculação com Azospirillum brasilense:* inovação em rendimento a baixo custo, 2011.

HUNGRIA, M.; CAMPO, R.J.; SOUZA, E.M.; PEDROSA, F.O. *Inoculation with selected strains of Azospirillum brasilense and A.* lipoferum improves yields of maize and wheat in Brazil. Plant Soil 331, 413–425 (2010).

HUNGRIA, M.; FRANCHINI, J. C.; CAMPO, R. J.; CRISPINO, C. C.; MORAES, J. Z.; SIBALDELLI, R. N.; ARIHARA, J. *Nitrogen nutrition of soybean in Brazil:* contributions of biological N2 fixation and N fertilizer to grain yield. Canadian Journal of Plant Science, 86(4), 927-939, 2006.

HUNGRIA, M.; MENDES, I. C. *Nitrogen fixation with soybean:* the perfect symbiosis? Biological nitrogen fixation, 1009-1024, 2015.

JESUS, E. D. C., SCHIAVO, J. A., & FARIA, S. M. D. (2005). *Dependência de micorrizas para a nodulação de leguminosas arbóreas tropicais.* Revista Árvore, 29, 545-552.

KALAYU, G. *Phosphate solubilizing microorganisms:* promising approach as biofertilizers. International Journal of Agronomy, 2019, 1-7 p.

KRUKER, G.; GUIDI, E.S.; MUNIZ, J.D.S.; MAFRA, Á.L. *Quality of Bokashi-type Biofertilizer Formulations and its Application in the Production of Vegetables in an Ecological System.* Preprints 2023, 2023070820.

LANA, U. G. D. P.; TAVARES, A.N.G.; AGUIAR, F.M.; GOMES, E.A.; VALICENTE, F.H. *Avaliação da qualidade de biopesticidas à base de Bacillus thuringiensis produzidos em sistema "on farm"*. Embrapa Milho e Sorgo. Sete Lagoas. 2019

LUGTENBERG, B.; KAMILOVA, F. *Plant-growth-promoting rhizobacteria*. Annual review of microbiology, 63, 541-556, 2009.

MACIEL, A. M.; SILVA, J. B. G.; DE MATOS NASCIMENTO, A.; DE PAULA, V. R.; OTENIO, M. H. *Aplicação de biofertilizante de bovinocultura leiteira em um planossolo*. Revista em Agronegócio e Meio Ambiente, 12(1), 151-171, 2019.

MAFRA RIBEIRO, G.; ALMEIDA, J.A.; LEMOS, L.S.; SCHMITT, C.; PEREIRA, G.E. *Solubilização de fonolito, basalto e olivina melilitito em ácido cítrico e ácido acético*. In: BAMBERG, A.L.; SILVEIRA, C.A.P.; MARTINS, E.S.; BERGMANN, M.; LEONARDOS, O.; THEODORO, S.H. Anais III Congresso Brasileito de Rochagem, 2016.

MANOEL DA SILVA, J.; ARÁUJO DALBON, V.; MOLINA ACEVEDO, J. P.; LA ROSA MASSAHUD, R. T.; DO AMARAL ALVES, E. S.; VILELA DA SILVA, P. C.; DE ANDRADE LIMA, G. S. *Development of tomatoes seedlings (Lycopersicum sculentum L.) in combination with silicate rock powder and rhizospheric fungi inoculation*. Current Science, 00113891, 122(7), 2022.

MARTINS, E. S; HARDOIM, P. R.; MARTINS, E. S. *Efeito de aplicação dos remineralizadores do solo*. Informe Agropecuário: Remineralizadores e a fertilidade do solo, v. 44, n. 321, p. 49-56, 2023.

MASCIARELLI, O.; URBANI L.; REINOSO, H. AND LUNA, V. (2013). *Alternative Mechanism for the Evalu-ation of Indole-3-Acetic Acid (IAA) Production by Azospirillum brasilense Strains and Its Effects on the Germination and Growth of Maize Se-edlings. Journal of Microbiology*, vol. 51, n. 5. 590-597 p.

MAPA. Ministério da Agricultura, Pecuária e Abastecimento. *Protocolo oficial para avaliação da viabilidade e eficiência Agronômica de cepas, inoculantes e tecnologias relacionados ao processo de fixação biológica do nitrogênio em leguminosas*. Disponível em: https://www.gov.br/agricultura/pt-br/assuntos/registro-de-produtos-e-estabelecimentos /arquivos-rpe/

IN132011inoculprotocoloprocfixbiologicadoNemleguminosasalterado35 12. Pdf. Acesso em 17 de setembro de 2023.

MAPA. Ministério da Agricultura, Pecuária e Abastecimento. *Protocolo para realização do relatório de bioensaio para biofertilizante*. Disponível em: <https://www.gov.br/ agricultura/pt-br/assuntos/insumos-agropecuarios/insumos-agricolas/fertilizantes/registr o-estab- e-prod/ registro- produtos/protocolo-bioensaios-28-07-2020-v2-1.pdf.>. Acesso em 17 de setembro de 2023.

MAPA. Ministério da Agricultura, Pecuária e Abastecimento. *Protocolo para avaliação da eficiência agronômica de remineralizadores de solo – primeira versão*. <https://www.gov.br/agricultura/pt-br/assuntos/ insumos-agropecuarios/insumos-agricolas/fertilizantes/registro-estab-e-prod/registro-produtos/protocolo-remineralizadores-30-01-19.pdf> Acesso em 18 de setembro de 2023.

MAPA. Ministério da Agricultura, Pecuária e Abastecimento. *Conceitos - Conheça a base conceitual do Programa Nacional de Bioinsumos*. 2021. Disponível em: https://www.gov.br/agricultura/pt-br/assuntos/inovacao/ bioinsumos/o-programa/conceitos. Acesso em 18 de setembro de 2023.

MAPA. Ministério da Agricultura, Pecuária e Abastecimento. *Produção e controle de qualidade de produtos biológicos à base de bactérias do gênero Bacillus para uso na Agricultura*. 1. ed. Brasília, DF: CGTG; DIAGRO; Embrapa Recursos Genéticos e Biotecnologia. 2021. 58 p.

MATTOS, T.; BATISTA, N.T.F.; HACK, E.; GÖRGEN, A.L.; MENDONÇA, F.S.M.; TURCATO, A.J.; OLIVEIRA, J.R.; MATOS, D.C.; BIZÃO, A.A. *Uso de Remineralizadores e seus Aspectos Legais Envolvendo o Código de Mineração*. In: BAMBERG, A.L.; SILVEIRA, C.A.P.; MARTINS, E.S.; BERGMANN, M.; LEONARDOS, O.; THEODORO, S.H. Anais III Congresso Brasileito de Rochagem, 2016.

MONNERAT, R.; PRAÇA, L.B.; SILVA, E.Y.Y.; MARTINS, S.M.E.; SOARES, C.M.; QUEIROZ, P.R. *Produção e controle de qualidade de produtos biológicos à base de Bacillus thuringiensis para uso na agricultura*. Embrapa, 2018.

MUSYOKA, D. M *et al. Arbuscular mycorrhizal fungi and Bradyrhizobium co-inoculation enhances nitrogen fixation and growth of green grams (Vigna radiata L.) under water stress*. Journal of Plant Nutrition, v. 43, 7. ed. 1036-1047 p. 2020.

OKON, Y.; VANDERLEYDEN, J. *Root-associated Azospirillum species can stimulate plants*. Applied and Environment Microbiology, Washington, v.6, 7. ed. 366-370 p. 1997.

OLIVEIRA-PAIVA, C. A.; ALVES, V. M. C.; GOMES, E. A.; SOUSA, S. M. de; LANA, U. G. de P.; MARRIEL, I. E. Microrganismos solubilizadores de fósforo e potássio na cultura da soja. In: MEYER, M.; BUENO, A. de F.; MAZARO, S. M.; SILVA, J. C. (ed.). *Bioinsumos da cultura da soja*. Brasília, DF: Embrapa, 2022. p. 163-179

PEREIRA, M. G., SANTOS, C. E., DE FREITAS, A. D., STAMFORD, N. P., DA ROCHA, G. S., & BARBOSA, A. T. (2013). *Interações entre fungos micorrízicos arbusculares, rizóbio e actinomicetos na rizosfera de soja*. Revista Brasileira de Engenharia Agrícola e Ambiental, 17, 1249-1256.

SANTOS, A.; DINNAS, S.; FEITOZA, A. *Qualidade microbiológica de bioprodutos comerciais multiplicados on farm no Vale do São Francisco*: dados preliminares. Enciclopédia Biosfera, 17(34), 2020.

SCUDELETTI, D.; CRUSCIOL, C. A. C.; MOMESSO, L.; BOSSOLANI, J. W.; MORETTI, L. G.; DE OLIVEIRA, E. F.; HUNGRIA, M. *Inoculation with Azospirillum brasilense as a strategy to enhance sugarcane biomass production and bioenergy potential*. European Journal of Agronomy, 144, 126749, 2023.

SIFTON, M. A.; SMITH, S. M.; THOMAS, S. C. *Biochar-biofertilizer combinations enhance growth and nutrient uptake in silver maple grown in an urban soil*. Plos one, 18(7), e0288291, 2023.

SILVA OLIVEIRA, W.; STAMFORD, N. P.; VILA NOVA DA SILVA, E.; SILVA SANTOS, R. C. E., FREITAS, A. D.S, ARNAUD, T. M.S, SARMENTO, B. F. *Biofertilizer produced by interactive microbial processes affects melon yield and nutrients availability in a Brazilian semiarid soil*. Australian Journal of Crop Science, *8*(7), 1124-1130, 2014.SINGH, A., & SINGH, K. *Potential utilization of industrial waste as feed material for the growth and reproduction of earthworms*. European Journal of Biological Research, 13(1), 71-80, 2023.

SUN, L.; ZHU, G.; LIAO, X. (2018). *Enhanced arsenic uptake and polycyclic aromatic hydrocarbon (PAH)-dissipation using Pteris vittata L. and a PAH-degrading bacterium*. The Science of the total environment, 624, 683–690, 2018.

VIDAL, M. C.; AMARAL, D. F. S.; NOGUEIRA, J. D.; MAZZARO, M. A. T.; LIRA, V. M. C. *Bioinsumos*: a construção de um Programa Nacional pela Sustentabilidade do Agro Brasileiro. Economic Analysis of Law Review, 12(3), 557-574, 2021.

ZILLI, J. É.; CAMPO, R. J.; HUNGRIA, M. *Eficácia da inoculação de Bradyrhizobium em pré-semeadura da soja*. Pesquisa Agropecuária Brasileira, 45, 335-337, 2010.

12. BIOLOGIA DA COMPOSTAGEM DE RESÍDUOS AGROINDUSTRIAIS E FLORESTAIS

Daniela Tomazelli, Douglas Alexandre,
Rafaela Alves dos Santos Peron

12.1 Introdução

Na produção agrícola, agroindustrial e florestal, são gerados muitos resíduos, que, por vezes, não são tratados e aproveitados como poderiam. Resíduos orgânicos como restos vegetais provenientes do processamento de culturas agrícolas – como exemplo, temos o bagaço da cana-de-açúcar, o vinhaço da uva e os restos de ossos e carcaças da atividade agropecuária, que podem retornar para a agricultura de forma segura.

A má destinação de resíduos orgânicos, como o exemplo dos aterros, pode acarretar problemas ambientais, como o aumento da emissão do dióxido de carbono (CO_2) ou, em locais com baixa presença de oxigênio, a emissão de metano (CH_4). Essas formas gasosas de carbono têm a capacidade de reter calor, aumentando a temperatura atmosférica. Além do mais, em caso de aterros irregulares, que não realizam a coleta e tratamento do chorume, pode ocorrer a contaminação do solo e da água (Dilkes-Hoffman *et al.*, 2018).

A compostagem desempenha um papel fundamental nesse contexto, uma vez que, por meio da bio-oxidação de compostos orgânicos heterogêneos, gera compostos orgânicos estáveis.

Esses compostos, por sua vez, atuam na melhoria das características químicas, físicas e biológicas dos solos agrícolas (Insam e De Bertoldi, 2007).

12.2 Resíduos agrícolas e agroindustriais

12.2.1 Classificação dos resíduos

De acordo com a NBR 10004 (2004), os resíduos são classificados em:

- Classe I: Perigosos
- Apresentam periculosidade ou características como inflamabilidade, corrosividade, reatividade, toxicidade e patogenicidade.
- Classe II: Não perigosos
  a. Não inertes: apresentam características de biodegradabilidade, combustibilidade e solubilidade em água. São indicados para tratamento via compostagem.
  b. Inertes: aqueles que não se enquadram nas demais classificações, cuja solubilidade não afeta a potabilidade da água.

12.2.2 Tipos de resíduos da atividade agrícola e florestal

- Resíduos agrícolas: podem ser provenientes de atividade de podas, como galhos e folhas. Também remanescentes da colheita, como frutos e folhas para descarte.
- Resíduos agropecuários: Os principais resíduos são esterco de animais e remanescentes da alimentação.

- Resíduos agroindustriais: da atividade industrial, os resíduos são os mais variados, dependendo da matéria-prima processada. Entre eles, estão as carcaças e vísceras de animais. No processamento de frutos e frutas para geleias e molhos, são gerados resíduos como cascas, polpas, sementes e bagaços de frutas processadas. Na produção de bebidas alcoólicas como o vinho sobram a casca, o bagaço e as sementes; já na produção da cerveja, o mosto e o bagaço também são excedentes. No beneficiamento da cana-de-açúcar para a geração do álcool, o bagaço é aproveitado para gerar energia nas caldeiras e torta de filtro; além disso, vem sendo estudada para uso como fertilizante de solo, devido ao alto teor de fósforo.
- Resíduos florestais: os resíduos florestais podem ser naturais ou quimicamente transformados. Resíduos naturais são os resíduos da colheita, como cascas, folhas e tocos.

12.3 Compostagem

12.3.1 Processos microbianos da compostagem

A compostagem é um processo aeróbico de transformação de compostos orgânicos heterogêneos pela ação biológica, originando o composto, que é rico em nutrientes, biologicamente estável e pode ser utilizado para melhorar a fertilidade do solo (Insam e De Bertoldi, 2007).

A compostagem passa por três fases até chegar ao produto. A fase 1 é a oxidação/decomposição, que ocorre em temperatura mesófila (25 a 40 °C). Nesse momento, ocorre a ação dos decompositores primários, como fungos e alguns grupos de bactérias, produtoras de ácidos. Os estudos de Bonilla-Estrada *et al.* (2017) revelaram que nessa primeira fase predomina a ordem bacteriana *Lactobacillales* (filo *Firmicutes*). Esses microrganismos são capazes de produzir ácidos orgânicos, principalmente ácido lático, que contribui para o aumento da temperatura na segunda fase.

Na fase 2, ocorre o aumento da temperatura, atingindo 65 °C em sistemas abertos. Esse processo exotérmico é para que ocorra a higienização dos resíduos e a eliminação de patógenos (Brasil, 2017). Nessa fase, ocorre a reorganização da comunidade microbiana, em que há redução de Lactobacillales e aumento de *Clostridiales*, que contribuem para alcalinização do meio (Bonilla-Estrada *et al.*, 2017), e aumento da ordem *Halanaerobiales*. Algumas espécies não toleram pH altos e se adaptam à faixa de temperatura termófila (Bardavid e Oren, 2012). Nessa fase do processo, ocorre liberação de água e CO_2, e o pH se torna alcalino. Devido a isso, somente microrganismos adaptados a essas condições se mantêm ativos.

A fase 3 se inicia quando a temperatura retorna para faixas mesófilas, até se equilibrar com a temperatura ambiente (Insam; De Bertoldi, 2007). A ordem Bacillales predomina na última fase da compostagem (Bonilla-Estrada *et al.*, 2017). Esses microrganismos são capazes de degradar as substâncias mais recalcitrantes, como lignina e hemicelulose (Yin *et al.*, 2019). A degradação da lignina originará ácidos húmicos e ácidos fúlvicos (Danise, Fioretto e Innangi, 2018), que são substâncias de alta recalcitrância e atuantes na agregação do solo (Ukalska-Jaruga *et al.*, 2020).

As fases da compostagem e as respectivas temperaturas e durações são ilustradas na Figura 32.

Figura 32: Fases da compostagem, duração e temperaturas

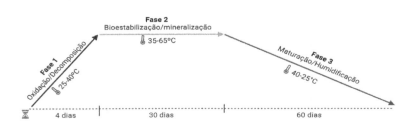

Fonte: elaborado pelos autores (2024).

12.3.2 Construção da compostagem

A compostagem em escala industrial ocorre em pátios ou usinas de compostagem, contudo nem todas as indústrias realizam compostagem dos resíduos gerados; algumas empresas terceirizam o serviço.

Nas usinas de compostagem, inicialmente, são recebidos e estocados os materiais orgânicos. Em seguida, é necessário categorizar os diferentes materiais por tamanho de partícula e relação carbono:nitrogênio (C:N). Após isso, é feita a montagem das leiras. Neste processo, é importante ter o cuidado para evitar o encharcamento, a compactação ou o excesso de porosidade. Nessa base, também é possível adicionar inoculantes (Miranda; Guimarães e Feitosa, 2014). A montagem é feita em camadas, onde serão misturadas matérias de diferentes relações C:N, como, por exemplo, uma camada de palha vegetal (alta C:N) com restos de alimentos (baixa C:N).

Alguns formatos e tamanhos de leiras podem ser adotados, como a triangular, trapezoidal e monte. A leira triangular é muito utilizada e indicada para os locais chuvosos, pois reduz a absorção de água. Já a leira trapezoidal é mais indicada para locais ou épocas secas, pois mantém a umidade interna por maior período. A leira tipo monte é ideal para pequenas quantidades de resíduos (Miranda; Guimarães e Feitosa, 2014). Os formatos e dimensões podem ser vistos na Figura 33.

Figura 33: Formatos e dimensões de leiras

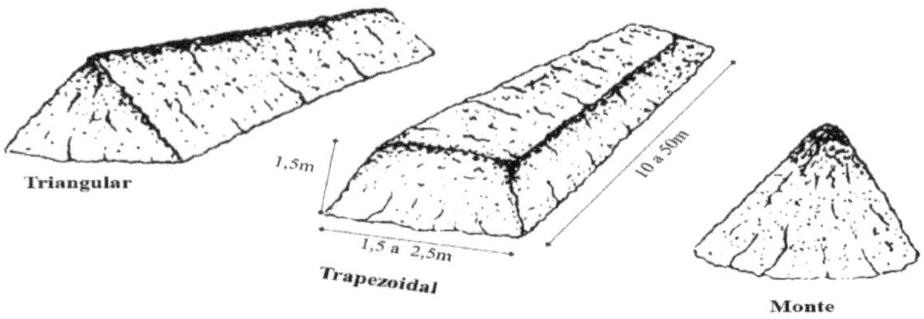

Fonte: adaptada de Guimarães (2014).

12.4. Fatores importantes na compostagem

12.4.1 Umidade

O controle da umidade deve ser feito durante todo o processo, no qual a umidade abaixo de 40% limita a atividade microbiana, enquanto a umidade superior a 65% pode gerar zonas de anaerobiose (Souza *et al.*, 2020). Essa condição é favorável para microrganismos que produzem metano ou gás sulfídrico. O ajuste da umidade é feito na formação da leira e pode ser mantida por meio da aeração ou irrigação da leira (Miranda; Guimarães e Feitosa, 2014).

12.4.2 Oxigenação

A presença de oxigênio (O_2) é vital para a oxidação do carbono presente no material orgânico e para manter condição ideal para o desenvolvimento de microrganismos aeróbicos. Por meio da respiração aeróbica os microrganismos obtêm energia e liberam calor (Souza *et al.*, 2020). Oxigenação e umidade são características correlacionadas, portanto é importante manter o equilíbrio entre os dois. Para isso, é indicado realizar o revolvimento da leira ou insuflação de ar. Na prática, quando a umidade está entre 60 e 70%, deve-se revolver a cada 2 dias, de 4 a 5 vezes; na umidade entre 40 e 60%, é indicado revolver a cada 3 dias, de 3 a 4 vezes; e a umidade inferior a 40% requer irrigação, se for nas duas primeiras fases da compostagem. Contudo a irrigação deve ser feita apenas durante o revolvimento com chuveiros para que a água não seja lixiviada (Miranda; Guimarães e Feitosa, 2014).

12.4.3 Relação C:N

A relação C:N deve ser modelada na montagem da leira, que está correlacionada com o potencial de utilização do material pelos microrganismos. A relação ideal para se iniciar a compostagem é 30:1, sendo que, dessas, 10 partes de C são para a estrutura da biomassa microbiana, e 20 são perdidas em forma de CO_2, pela respiração microbiana. Ao final do processo de compostagem, é esperado um composto com relação C:N de 10:1 (Souza *et al.*, 2020). Um exemplo de mistura é usar esterco de aviário, com relação C:N próxima a 10:1 (Wang *et al.*, 2014), e restos de poda de árvores, com relação C:N próxima a 50:1 (SENAR, 2006).

12.4.4 Granulometria

Refere-se ao tamanho de partícula das matérias-primas, sendo que, quanto menor for o tamanho da partícula, maior será a superfície específica, e maior a ação microbiana. Contudo, partículas finas demais podem favorecer a compactação e, em consequência, a anaerobiose, enquanto partículas muito grosseiras podem retardar o processo. O tamanho ideal de partícula é entre 1 e 5 cm (Souza *et al.*, 2020).

12.4.5 Temperatura

A temperatura é um indicador de eficiência do processo, como abordado no tópico sobre as fases da compostagem, em que é necessário que ocorra a fase da termofilia para a higienização dos resíduos compostados. A temperatura na fase termófila não deve ultrapassar 65 °C e deve ser monitorada frequentemente com o uso de termômetro, em intervalos semanais ou quinzenais, com maior atenção para a primeira e a segunda fase da compostagem. Além do termômetro, também pode ser utilizada uma barra de ferro, introduzida até o centro da leira e mantida por 30 minutos – na retirada, a medição pode ser feita pelo tato (Miranda; Guimarães e Feitosa, 2014).

12.4.6 Potencial de hidrogênio (pH)

O pH começa a decair no início do processo de compostagem devido à atividade de bactérias produtoras de ácidos orgânicos, ao hidrolisarem materiais orgânicos. Nessa etapa, o pH pode diminuir até a escala de 5,0. Na segunda fase da compostagem, o pH torna-se alcalino, abrangendo a escala entre 7,0 e 8,0 (Souza *et al.*, 2020).

12.4.7 Chorume

O chorume é o líquido liberado pelo material no processo de compostagem, principalmente em condições de umidade excessiva (CONAMA, 2017). Esse líquido tem alta demanda biológica de oxigênio (DBO), o que significa que se este for descartado em água, pode causar o processo de eutrofização das águas, reduzindo a passagem de luz, diminuindo a presença de oxigênio e eliminando vidas aquáticas (Reis e Chaves, 2012). Além disso, o chorume apresenta baixa degradabilidade em virtude do conteúdo de elementos-traço (metais) (Velasques *et al.*, 2015). A produção de chorume deve ser mínima, e, para isso, deve ser controlada a umidade da compostagem e realizado o revolvimento ou insuflação de ar de forma frequente (Miranda; Guimarães e Feitosa, 2014).

12.4.8 Tempo de processamento

Se todo processo ocorre de forma eficiente, então, o composto deve ficar pronto em 90 dias (Miranda; Guimarães e Feitosa, 2014).

12.5 Vermicompostagem

Vermicompostagem trata do processo de transformação biológica de resíduos orgânicos, potencializado pela ação de minhocas (Ricci, 1996). As minhocas que melhor se adaptam à compostagem são as de comportamento epigeico, ou seja, da parte mais superficial do solo (0-10 cm), e se alimentam de matéria orgânica (Steffen *et al.*, 2013), como *Eisenia fetida*, *Eisenia andrei* e *Eudrilus eugeniae*. Para a vermicompostagem, a umidade deve ser mantida entre 60 e 70%, e, de maneira diferente da compostagem comum, os substratos devem ser utilizados (esterco de gado ou galinha) e devem ser pré-compostados para atingirem a temperatura de higienização (65 °C) antes da ação das minhocas (Aquino, 2009). O vermicomposto tem menor teor de carbono, elevando a relação C:N, e maior teor de ácidos húmicos do composto, comparado à compostagem convencional (Cotta *et al.*, 2015).

12.6 Composto e aplicações

O composto gerado pela compostagem pode ser comercializado como fertilizante orgânico e deve atender aos parâmetros de qualidade estabelecidos para comercialização, como o pH (mínimo de 6,0), a umidade (máxima de 40%), a matéria orgânica (mínima de 40%), o nitrogênio total (mínimo de 1%) e a relação C:N (máxima de 18:1) (Souza *et al.*, 2020).

A aplicação do composto orgânico, mediante conhecimento prévio das características químicas do solo, contribui para o aporte de matéria orgânica, aumento da concentração de macronutrientes e micronutrientes, melhorando a fertilidade de solos agrícolas ou arranjos paisagísticos.

Referências

AQUINO, A. M. *Vermicompostagem*. EMPRAPA, circular técnica, Seropédica, RJ, 2009.

ASSOCIAÇÃO BRASILEIRA DE NORMAS TÉCNICAS. ABNT NBR 10004: *Resíduos sólidos – Classificação*. Rio de Janeiro: ABNT, 2004.

BRASIL. Ministério do Meio Ambiente. *Resolução CONAMA nº 481, de 3 de outubro de 2017*. Estabelece critérios e procedimentos para garantir o controle e a qualidade ambiental do processo de compostagem de resíduos orgânicos, e dá outras providências. Brasília, DF: Ministério do Meio Ambiente, 2017b. Disponível em http://www2.m ma. gov.br/port/conama/legiabre.cfm?codlegi=728. Acesso em: 22 de jan. 2019.

COTTA, J. A. D. O.; CARVALHO, N. L. C.; BRUM, T. D. S.; REZENDE, M. O. D. O. *Compostagem versus vermicompostagem*: comparação das técnicas utilizando resíduos vegetais, esterco bovino e serragem. Engenharia Sanitária e Ambiental, *20*, 65-78, 2015.

DANISE, T.; FIORETTO, A.; INNANGI, M. *Spectrophotometric methods for lignin and cellulose in forest soils as predictors for humic substances*. European Journal of Soil Science, *69*(5), 856-867, 2018.

DE SOUZA, L. A.; DO CARMO, D. D. F.; DA SILVA, F. C.; PAIVA, W. D. M. L. (2020). *Análise dos principais parâmetros que influenciam a compostagem de resíduos sólidos urbanos*. Revista Brasileira de Meio Ambiente, 8(3), 2020.

DILKES-HOFFMAN, L. S.; LANE, J. L.; GRANT, T.; PRATT, S.; LANT, P. A.; LAYCOCK, B. *Environmental impact of biodegradable food packaging when considering food waste*. Journal of Cleaner Production, 180, 325-334, 2018.

ELEVI BARDAVID, R.; OREN, A. *The amino acid composition of proteins from anaerobic halophilic bacteria of the order Halanaerobiales*. Extremophiles, 16, 567-572, 2012.

ESTRADA-BONILLA, G. A.; LOPES, C. M.; DURRER, A.; ALVES, P. R.; PASSAGLIA, N.; CARDOSO, E. J. *Effect of phosphate-solubilizing bacteria on phosphorus dynamics and the bacterial community during composting of sugarcane industry waste*. Systematic and Applied Microbiology, *40*(5), 308-313, 2017.

INSAM, H.; DE BERTOLDI, M. *Microbiology of the composting process*. In: Waste management series (Vol. 8, pp. 25-48). Elsevier, 2007.

MIRANDA, J.F.; GUIMARÃES, M.A.; FEITOSA, F.R. Compostagem: A transformação de resíduos orgânicos em "alimentos" para plantas. In: GUIMARÃES, M.A. *Lixo*: uma abordagem teórico-prática. Editora da Universidade Federal do Amazonas, 2014.

REIS, L. S.; CHAVES, L. S. S. *Contaminação do rio Chumucuí por líquidos percolados (chorume) oriundos do lixão da cidade de Bragança, Pará*. In: III Congresso Brasileiro de Gestão Ambiental, Goiânia/GO, v. 22, n. 11, 2012.

RICCI, M. (1996). *Manual de vermicompostagem*. Embrapa, Rondonia.

SENAR - Serviço nacional de aprendizagem rural. *Olericultura orgânica compostagem*. São Paulo, 2008.

STEFFEN, G. P. K.; ANTONIOLLI, Z. I.; STEFFEN, R. B.; JACQUES, R. J. S. *Importância ecológica e ambiental das minhocas*. Revista de Ciências Agrárias, *36*(2), 137-147, 2013.

UKALSKA-JARUGA, A., BEJGER, R., DEBAENE, G., & SMRECZAK, B. *Characterization of soil organic matter individual fractions (fulvic acids, humic acids, and humins) by spectroscopic and electrochemical techniques in agricultural soils.* Agronomy, 11(6), 1067, 2021.

VELASQUES, F.; BISPO, E. R.; DE MELO JUNIOR, M. M.; DOS SANTOS, J. P. P.; CONCEIÇÃO, J. C.; PIRES, M. R. *Usinas de triagem, compostagem e tratamento de chorume: uma opção econômica e sustentável.* Revista Augustus, 20(39), 65-75, 2015

WANG, X.; LU, X.; LI, F.; YANG, G. (2014). *Effects of temperature and carbon-nitrogen (C/N) ratio on the performance of anaerobic co-digestion of dairy manure, chicken manure and rice straw: focusing on ammonia inhibition.* PloS one, 9(5), e97265.

YIN, Y.; GU, J.; WANG, X.; ZHANG, Y.; ZHENG, W.; CHEN, R.; WANG, X. (2019). *Effects of rhamnolipid and Tween-80 on cellulase activities and metabolic functions of the bacterial community during chicken manure composting.* Bioresource technology, 288, 121507, 2019.

13. BIOLOGIA DO SOLO NO MERCADO DE TRABALHO

Aline de Liz Ronsani Malfatti, Daniela Tomazelli, Osmar Klauberg-Filho

13.1 Introdução

A biologia do solo é uma ciência que faz parte da vida de profissionais de diferentes setores, como o agrícola, florestal, ambiental e zootécnico, sendo fundamental para atuação na indústria ou na interface comercial. As habilidades técnicas (*hard skills*), como o conhecimento sobre fisiologia vegetal, fertilidade do solo, fitossanidade, biologia do solo e entendimento de ferramentas, são primordiais para um profissional bem-sucedido. Contudo é importante desenvolver habilidades interpessoais (*soft skills*), como capacidade analítica para a assertividade nas tomadas de decisão, comunicação, espírito de liderança, proatividade, boa gestão de tempo, capacidade de manter bom relacionamento com colegas de trabalho, entre outras.

Este livro tem a proposta de preparar os futuros engenheiros agrônomos, engenheiros florestais, engenheiros ambientais, biólogos, zootecnistas e outros profissionais para enfrentar os desafios relacionados ao manejo do solo, preservação da biodiversidade edáfica, fertilidade do solo e a emissão de gases de efeito estufa. Como foi abordado neste livro, o solo é vivo, e a vida dele promove a fertilidade necessária para a produção vegetal e animal.

O futuro profissional precisa saber aplicar a tecnologia a favor do produtor rural, ou da empresa com a qual colabore, otimizando o uso de recursos financeiros e promovendo o desenvolvimento sustentável na produção agrícola, florestal e pecuária.

13.2 Linhas/setores de atuação

13.2.1 Pesquisa

O setor de pesquisa nas empresas é focado em desenvolvimento. Os pesquisadores são profissionais com trajetória acadêmica, mestrado, doutorado e, às vezes, estágio pós-doutoral.

Nesse meio, o conhecimento técnico é de extrema importância. Pode-se dizer que um pesquisador "sabe quase tudo, de quase nada". Isso, na prática, significa que o profissional que desenvolve inoculantes bacterianos entende quase tudo sobre a biologia das bactérias com as quais trabalha, como o meio de crescimento, as formas de contaminação e os cuidados. Mas, por dedicar sua vida a essa linha de pesquisa, talvez não consiga ter essa profundidade de conhecimento sobre outros assuntos, como a fauna do solo, por exemplo.

O pesquisador/cientista é curioso e apaixonado. Uma pequena descoberta é uma grande vitória; afinal, são muitas horas dedicadas a um trabalho minucioso e delicado. Não será incomum ver um pesquisador vibrar por ver um ácaro diferente, ou fungo em uma placa de Petri, que, no fim das contas, não é nada mais do que um bolor bem nutrido.

Escolher a ciência como profissão requer resiliência para refazer um ensaio por várias vezes, e ainda entender que todo resultado, mesmo que negativo ou inconclusivo, é um resultado, como dito por Thomas Edison: "Eu não falhei. Eu encontrei 1.000 maneiras que não funcionam".

Mas, apesar dos desafios, apreender todos os dias é um privilégio desse caminho. Para os que gostam da pesquisa científica, existem muitas possibilidades de atuação, desde técnicos e assistentes de laboratório, que tornam a rotina possível, até os pesquisadores, que são quem compila os dados e os transforma em informação, para tornar as práticas do campo mais eficientes.

13.2.2 Assistência técnica

Os profissionais que trabalham com assistência técnica instruem os produtores para alcançarem os melhores resultados, acompanham o andamento do processo e alertam sobre os riscos. No Brasil, esse serviço é prestado por órgãos públicos municipais, estaduais e federais, como também empresas privadas. Grande parte das empresas, principalmente relacionadas à venda de insumos agrícola, investe em profissionais especializados em dar assistência técnica, não apenas relacionada aos produtos comercializados, com o objetivo de obter grandes rendimentos e fidelizar clientes.

O profissional que escolher essa área trabalhará com extensão, distante do meio industrial e acadêmico e muito próximo dos produtores rurais. Para assistência técnica, é importante saber, entender a necessidade dos produtores, compreender que, por vezes, eles serão resistentes à mudança, e acima de tudo saber que essa convivência é uma troca de aprendizado. Um agricultor tem muito a ensinar; pode não saber os termos técnicos, mas, por observação e vivência, entende muito de solos, de fertilidade, de fisiologia.

O extensionista é um agente direto de melhoria. A troca de informação entre um engenheiro agrônomo e o agricultor pode melhorar o cenário econômico de um município inteiro, ao modificar um sistema de manejo, substituir culturas vegetais ou incluir sistemas integrativos que aumentem ganhos econômicos, gerando empregos e novas oportunidades.

13.2.3 Setor comercial

O Setor comercial é a interface entre a empresa e o cliente. Esse cliente, para as ciências agrárias, pode ser o agricultor, pecuarista ou produtor de madeira e outros produtos florestais não madeireiros. Esse profissional atuará na venda de produtos e prestação de serviços, e, para a eficiência dessa tratativa, é necessário entender sobre o produto, mas também entender o cliente, ter boa comunicação, ser empático, escutar ativamente para fornecer a melhor solução, saber negociar e quebrar as objeções, quando necessário.

CONVERSA COM OS PROFISSIONAIS

Este tópico foi elaborado para mostrar as possibilidades de atuação no mercado de trabalho e motivar os leitores deste livro a buscarem o melhor caminho para suas carreiras. Para isso, convidamos profissionais bem-sucedidos, de diferentes setores, para falarem sobre a importância de entender a biologia do solo para suas trajetórias profissionais.

Shantau Camargo Gomes Stoffel

Engenheira agrônoma, mestra e doutora em ciências (UFSC)
Responsável e consultora técnica – NovaTero BioAg

Importância da biologia do solo para a tragetória de Shantau:
"Inoculantes agrícolas são uma tecnologia que hoje pode substituir totalmente a aplicação de fertilizantes, mas é uma grande responsabilidade, pois os fertilizantes são um dos maiores custos na agricultura. Atualmente trabalho com inoculantes à base de fungos micorrízicos arbusculaes (FMAs), e minha formação foi essencial para estudar as particularidades da associação, mecanismos de ação e as interações no solo, me permitindo recomendar e explorar o potencial dos FMAs nos cultivos agrícolas."

Elston Kraft

Engenheiro agrônomo (UNOCHAPECÓ)
Mestre e doutor em ciências do solo (UDESC)
Pesquisador e desenvolvedor de produtos biológicos – YTL S.A.

Importância da biologia do solo para a trajetória de Elston:
"A biologia do solo foi um divisor de águas na minha trajetória acadêmica. Foi por meio dos estudos

envolvendo esse tema que iniciei projetos de iniciação científica. O fato de conhecermos tão pouco do vasto mundo da biologia do solo nos permite participar do descobrimento de coisas fascinantes, ainda instigante e dinâmico, mas que ao mesmo tempo é escasso de pessoas qualificadas. Hoje, trabalhando na área de desenvolvimento de produtos biológicos, tenho a consciência de que a soma de todos esses pequenos momentos, desafios e experiências compartilhadas contribuiu significativamente para conduzir-me até aqui. A biologia do solo não é uma ciência que anda só, mas que se entrelaça com as demais áreas da ciência do solo. E é esse conjunto de ferramentas, tendo a biologia do solo como eixo central, que me permite desenvolver e posicionar produtos biológicos que ajudam a produzir alimentos de modo mais sustentável, agregando produtividade e rentabilidade a toda uma cadeia de negócios."

Camila Elis Casaril

Engenheira ambiental (UNIVATES)
Mestra e doutora em Ciências do Solo (UDESC)
Analista de projetos florestais – Klabin

Importância da biologia do solo para a trajetória da Camila:
"A biologia do solo me permite ter maior competência e melhora na tomada de decisão dentro dos projetos que gerencio, contribuindo para a conservação da biodiversidade e manutenção dos serviços ecossistêmicos, em áreas de floresta plantada e natural. Dessa maneira, posso atuar de forma alinhada com os valores e políticas de sustentabilidade da empresa, e contribuo para que as práticas, normas e diretrizes da empresa e dos órgãos ambientais competentes sejam seguidas."

Joatan Césare Andrades Clamer

Engenheiro-agrônomo (UFSC)
Especialista em solos e nutrição de plantas (Esalq/USP)
Colaborador – Biosphera

Importância da biologia do solo para a trajetória de Joatan:
"A biologia do solo é a espinha dorsal da nossa abordagem, pois buscamos não apenas aumentar a produtividade das cultura, mas também preservar a saúde dos solo e sua biodiversidade. A importância da biologia do solo em minha profissão é inegável. É por meio do entendimento dos microrganismos, dos ciclos biogeoquímicos e das características únicas de cada tipo de solo que podemos criar soluções sustentáveis e inovadoras para os desafios agrícolas modernos. Estou empenhado em utilizar meu conhecimento para contribuir para um futuro no qual a agricultura harmoniosamente com a natureza, os solos sejam saudáveis e ricos em biodiversidade e as gerações futuras possam colher os frutos de práticas agrícolas verdadeiramente sustentáveis."

Ana Paula Maccari

Zootecnista (UDESC)
Mestra e doutora em Ciências do Solo (UDESC)
Gerente de pesquisa, desenvolvimento e inovação – AG Croppers

Importância da biologia do solo para a trajeória de Ana:
" A relação entre a biologia do solo, produtividade e sustentabilidade agrícola está cada vez mais evidente na agricultura moderna. A expectativa para os próximos anos é que teremos muitos avanços nos conhecimentos relacionados à biologia e à saúde do solo e seu potencial para o aumento da produtividade, contribuindo para a mitigação dos principais desafios da agricultura. Como o segmento em que eu atuo está diretamente relacionado ao desenvolvimento de inovações e tecnologias de

sustentabilidade agrícola, os conhecimentos na área de biologia do solo são fundamentais para entendermos as interações que acontecem entre o solo, as plantas e os organismos vivos, e como o manejo adotado pode influenciar de forma direta ou indireta todas essas relações."

Marcos Besen

Engenheiro agrônomo (UFSC)
Doutor em Agronomia (UEM)
Consultor de desenvolvimento de mercado – ICL

Importância da biologia do solo para a trajetória de Marcos:
"Lembro como se fosse hoje, de uma aula da pós-graduação em que o professor relatou que foi chamado a visitar uma propriedade que estava improdutiva. Detalhe é que os atributos químicos demonstravam alta fertilidade do solo, e sem restrições físicas aparentes. Então o que limitava o potencial dessa área? Após uma investigação, observou-se que o componente 'biologia do solo', ou melhor, a falta dele, era o responsável pelos baixos índices produtivos. Carrego sempre comigo esse relato. A 'qualidade do solo' tem ganhado cada vez mais evidência, e, nesse aspecto, a diversidade de organismos presentes no solo assume grande protagonismo, sendo fundamental para o funcionamento do sistema e, por conseguinte, da sustentabilidade e rentabilidade do produtor rural. Hoje, nós que estamos envolvidos na produção agrícola devemos buscar compreender os indicadores biológicos do solo e intensificar as estratégias de manejo que melhoram a atividade biológica e, consequentemente, a qualidade do solo. Para a segurança alimentar, é necessário um solo saudável. E vamos todos lembrar: o solo é vivo."

Gregory Kruker

Engenheiro agrônomo, mestre e doutor em Ciências do solo (UDESC)
Especialista em Agroecologia (IFSC)
Fundador e diretor de Pesquisa e Inovação – Menuai – Bioinsumo & Pesquisa

Importância da biologia do solo para a trajetória de Gregory:

"A compreensão da biologia do solo é fundamental para nossa empresa, pois nos permite criar produtos que promovem a regeneração e saúde do solo, aumentando a produtividade e a sustentabilidade dos cultivos.

Investir em conhecimento técnico-científico é essencial para empreender no setor agrícola, pois é a base para o sucesso em logo prazo. O mercado está em constante transformação, o que exige o aperfeiçoamento das cadeias produtivas, e, nessa nova perspectiva da introdução de biotecnologias como produtos à base de comunidades microbiológicas, técnicas de sequenciamento genético de nova geração, sistemas automatizados e agricultura digital, o conhecimento sobre a biologia do solo integra as diferentes dimensões da produção de alimentos."

Rodrigo Alessio

Engenheiro agrônomo (FSC)
Pós-graduado em Gestão de Negócios (FGV)
Vice-presidente da FEBRAPD
Produtor rural

Importância da biologia do solo para a trajetória de Rodrigo:

"Na agricultura regenerativa, o solo é um ativo de muito valor, assim como todas as relações biológicas estabelecidas. Eu vejo como fundamental, uma vez que você tenha compreensão do processo, como ele se dá, como ocorrem esses processos mais amplos e a importância da biologia, orquestrando toda essa dinâmica de elementos, essa ciclagem, além de todos esses procedimentos que ocorrem em nível de solo, devemos sempre primar, dentro do possível, pela diversidade de plantas. Falando em diversidade como fator-chave, eu falo em diversidade de plantas. Falando em diversidade de plantas, eu falo diversidade de rizosfera, que são grupos atuantes no solo. Em que há plantas que se associam a micorrizas; outras que preferem associação de fixadores de N; em outras vão predominar bacillus solubilizadores de nutrientes. Nesse caso diversidade de plantas se torna equivalente a diversidade mineral. Fazer esse resgate mineral, devolver a diversidade mineralógica que foi perdida, é importante. E principalmente as combinações de isolados, de comunidades, é da biodiversidade microbiológica do solo."

Existe um mundo com excelentes oportunidades. Esperamos que este livro possa contribuir para os futuros profissionais, para que encontrem o melhor caminho e, com isso, melhorem a vida de agricultores e pecuaristas. Além disso, almejamos que as lições aqui escritas resultem em uma agricultura mais responsável e sustentável.